パリの
おいしい
おみやげ

吉野 美智子

阪急コミュニケーションズ

はじめに

2007年6月15日　パリにて
吉野美智子

　私のおいしいもの好きはどこからはじまったのでしょうか。
　私は豊かな山々、おいしい水、そして黒潮が運んでくる活きのいい海の幸に恵まれた食材の宝庫・和歌山で、旬の食材をいかした手料理を食べて育ちました。両親はことのほか食べ物にこだわる人たちでしたし、私をかわいがってくれた祖母はこのうえない料理の名人でした。もの心つくころには、少しでもおこづかいが入るとそのほとんどすべてを食べることにつぎ込むほど、食べることが大好きになっていました。
　フランス料理のシェフである夫、吉野建のレストランが東京、小田原、そしてパリへと移るとともに、私の「食へのこだわり」は、ますます強くなっていきました。今はパリにある一つ星レストラン「ステラマリス」が私の本拠地です。1992年に移り住んだこのフランスで、食の奥深さをあらためて学び、グルメの国に暮らしおいしいものを極めることができる幸せな日々を送っています。

　私はパリの街を歩いていておいしそうなものを見つけたら、迷わず「Bonjour!（ボンジュール！）」と声をかけて店に入ります。食べ物を扱う人は勘が働くもので、こちらが手に取るものひとつで、その人がどれだけおいしいものを知っているかピンとくるものです。
　観光客相手に見た目がきれいなだけで高いものを売っているお店にはご用心。おいしいものは、地元のお客さまを大事にしているお店にあるものです。本書ではそうした品々をご紹介するだけでなく、ほんとうにおいしいものにこだわるお店の人々と交流を深めていくなかで、こっそり教えてもらったおいしさの秘密やおすすめの食べ方などもご案内します。

　お世話になった方にもこのおいしさを味わっていただきたい！
　大好きな方々の顔を思いうかべながらおいしいものを買い集めることは、私の楽しみのひとつでもあります。さらに、贈り物に適した、保存が利くうえに持ち運びやすい真空パックをお願いできる店など、気配りのある顔なじみにも登場してもらいました。また肉類の日本への持ち込みは難しいようですから、滞在中にホテルなどで楽しんでください。
　パリのおいしさを、みなさまにもおすそ分けできたら嬉しく思います。

CONTENTS

2 はじめに

8e, 17e, Ternes

テルヌ周辺

- 8 Rolle ロール
- 10 Desgranges デグランジュ
- 12 La Petite Rose ラ・プティット・ローズ
- 14 Divay ディヴェイ
- 16 Les Grandes Caves レ・グランド・カーヴ
- 18 Brûlerie des Ternes ブリュルリー・デ・テルヌ
- 20 Daguerre Marée ダゲール・マレ
- 22 Caves Pétrissans カーヴ・ペトリサン

プロに聞くおみやげ
- 24 Stéphane Jégo ステファン・ジェゴ
  Chez L'Ami Jean シェ・ラミ・ジャン

フランスを代表する食べ物
- 28 Fromages チーズ

8e, Madeleine / Champs-Elysées

マドレーヌ
シャンゼリゼ
周辺

- 32 Albert Ménès アルベール・メネス
- 34 Les Ruchers du Roy レ・ルシェ・デュ・ロワ
- 36 Publicis Drugstore ピュブリシス・ドラッグストア
- 38 Vignon ヴィニョン
- 40 Fouquet フーケ

フランスを代表する食べ物
- 42 Sucreries お菓子

プロに聞くおみやげ
- 46 Carena Raquel カレナ・ラケル
  Le Baratin ル・バラタン

17e, 9e
Batignolles / Trinité
バティニョール トリニテ周辺

52 Marche Biologique des Batignolles　バティニョール無農薬市場
56 Via Chocolat　ヴィア・ショコラ
58 Momoka　桃花

フランスを代表する食べ物
60 Pains　パン

6e, 7e
Saint-Germain des Prés / Ecole Militaire
サンジェルマン・デ・プレ エコル・ミリテール周辺

66 Poilâne　ポワラーヌ
68 Giraudet　ジロデ
70 L'Artisan de Saveurs　ラルティザン・ド・サヴール
72 Au Petit Sud Ouest　オ・プティ・シュド・ウエスト

プロに聞くおみやげ
74 Pierre Gagnaire　ピエール・ガニエール
　　Goumanyat　グーマニア

気になるチョコレート屋さん
78 La Maison du Chocolat　ラ・メゾン・デュ・ショコラ
79 Patrick Roger　パトリック・ロジェ

16e
Victor Hugo / Trocadéro
ヴィクトル・ユーゴー・トロカデロ周辺

82 La Marquisane　ラ・マルキザンヌ
84 Roy　ロワ

プロに聞くおみやげ
86 Jean-François Piège　ジャンフランソワ・ピエージュ
　　Les Ambassadeurs (Hôtel de Crillon)
　　レ・ザンバサドゥール（オテル・ド・クリヨン）
88 Lavinia　ラヴィニア
89 Maison de la Truffe　メゾン・ド・ラ・トリュフ

フランスの代表的な食べ物
90 Produits Salés　乾物

3e, 4e
Bastille/Le Marais
バスティーユ
マレ地区周辺

- 96 Izraël イズラエル
- 98 Au Levain du Marais オ・ルヴァン・デュ・マレ

12e, Aligre
アリーグル周辺

- 102 Marché d'Aligre アリーグル市場
- 104 Sur les Quais シュール・レ・ケ
- 106 Libert リベール
- 108 La Graineterie du Marche ラ・グラントリー・デュ・マルシェ

プロに聞くおみやげ
- 110 Danis Fetisson ドゥニ・フェティッソン
  Le restaurant de l'Hôtel Daniel
  ル・レストラン・ド・ロテル・ダニエル

気になるハーブ屋さん
- 114 Herboristerie du Palais Royal エルボリストリ・デュ・パレ・ロワイヤル
- 115 Herboristerie d'Hippocrate エルボリストリ・ディポクラト

Supermarchés
グルメな
スーパーマーケット

- 118 La Grande Epicerie de Paris グランデピスリー・ド・パリ
- 120 Lafayette Gourmet ラファイエット・グルメ
- 122 Monoprix モノプリ

8e, 17e, Ternes
テルヌ周辺

map 01 TRAITEUR

Rolle ロール

フォアグラを斬新にアレンジした新感覚のお惣菜

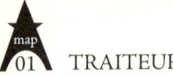

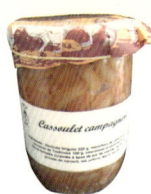

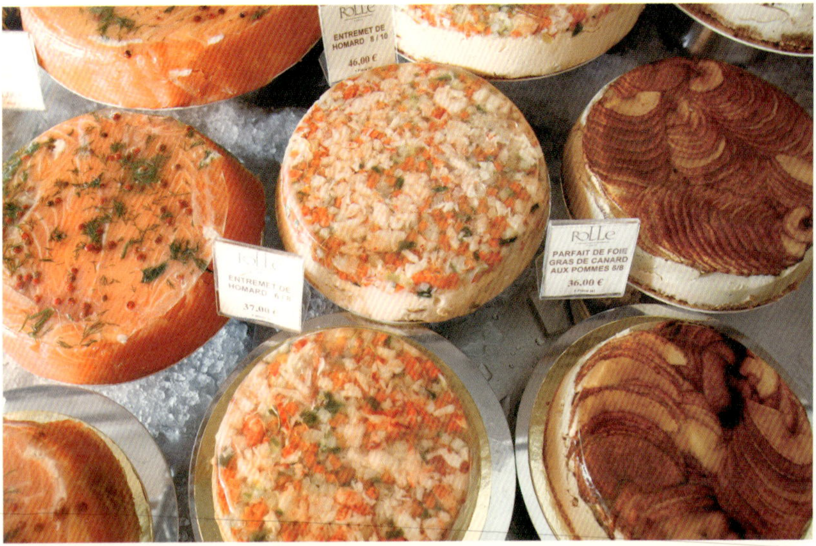

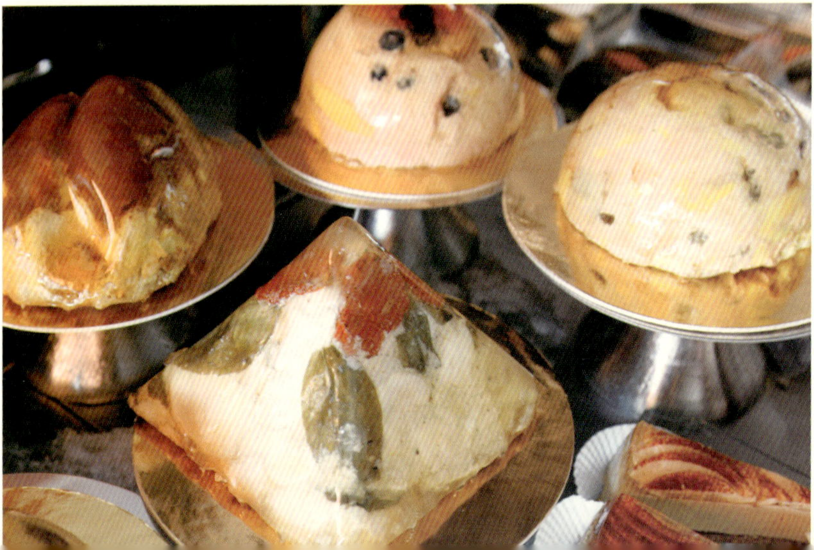

パリに移り住んで間もないころ、偶然見つけたフォアグラ屋さんです。フォアグラに目がない私は近所であったこともあり、足しげく通いました。ガチョウのフォアグラは、脂の溶ける温度が低いのでテリーヌに最適。瓶詰にしたフォアグラのパテはかりっと焼いたトーストと。ここで扱う< Jean Legrand >ブランドの鴨とガチョウのフォアグラは美食家にも愛されている逸品です。

オマール海老を使ったアントルメはホールで 24 ユーロ。切り分けた 1 ポーションは 3.5 ユーロ。

Recommandations!
おすすめ

Foie gras aux artichauts & Terrine de lentilles au foie gras

アーティチョークを使ったフォアグラ（左）にレンズマメとフォアグラのテリーヌ（右）。

Foie gras à la mozzarella et aux tomates

モッツァレラチーズと乾燥トマト入りのフォアグラ。

Graisse d'oie au Naturel

ガチョウの脂の瓶詰。この脂を使って野菜やきのこを炒めるとコクが出ます。4 ユーロ。

特別な日はここでフォアグラを調達し、冷えたシャンパンとともに楽しむのが私のお気に入り。フォアグラ以外にもお惣菜も充実しているので、お店自慢の自家製スモークサーモンなどもぜひおためしてください。

Rolle
11, rue Pierre Demours
75017 Paris
Tel : 01 40 55 92 20
open: 10h00～14h00,
　　　16h30～19h30 (火～土)
　　　10h00～14h00 (日)

métro: 3

Pereire

BOULANGERIE
Desgranges <small>デグランジュ</small>

香ばしい昔風バゲットはパリ一の味

Recommandations!
おすすめ

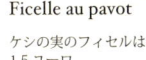

Ficelle au pavot

ケシの実のフィセルは
1.5 ユーロ。

Pain à l'orange
et au citron

オレンジピールとレモンピール
入りのパン 1.5 ユーロ。

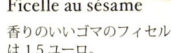

Ficelle au sésame

香りのいいゴマのフィセル
は 1.5 ユーロ。

ケシの実のフィセル（細身のバゲットパン）はスモークサーモンなどと合わせるとぴったり。ゴマのフィセルは、白ゴマの繊細な香ばしさがパンの風味を増します。爽やかな香りのオレンジとレモンのピール入りのパンはジャムをつけておやつにどうぞ。

Petits pains aux tomates/
olives / lardons

ちょっとした食事にもなるトマトやオリーブ、ベーコン入りのパン。

私にとって今一番おいしいバゲットがこの店のもので、食事のメインがパンになってしまうほど。発酵にこだわったバゲットはていねいに時間をかけて焼かれているので、外側はかりっと香ばしく、なかはもちもち。細身のバゲット、フィセルは特にお気に入り。ゴマやケシの実のフィセル、トマトやオリーブ、ベーコン入り、オレンジとレモンピール入りのパンなど、シンプルな生地に、一味加えたオリジナリティ溢れるおいしさを噛みしめてください。

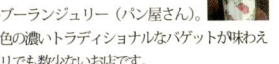

パリ市内に5店舗を持ち、2005年の「最高のバゲット賞」3位を獲得した評判のブーランジュリー（パン屋さん）。焼き色の濃いトラディショナルなバゲットが味わえるパリでも数少ないお店です。

Desgranges

5, rue Pierre Demours
75017 Paris
Tel : 01 45 74 10 73

open: 7h00〜20h00
定休日：火曜

métro: 2

Ternes

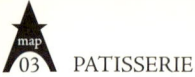

map 03 PATISSERIE

La Petite Rose ラ・プティット・ローズ

パリのマダムに人気の日本人パティシエ

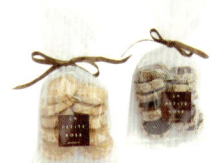

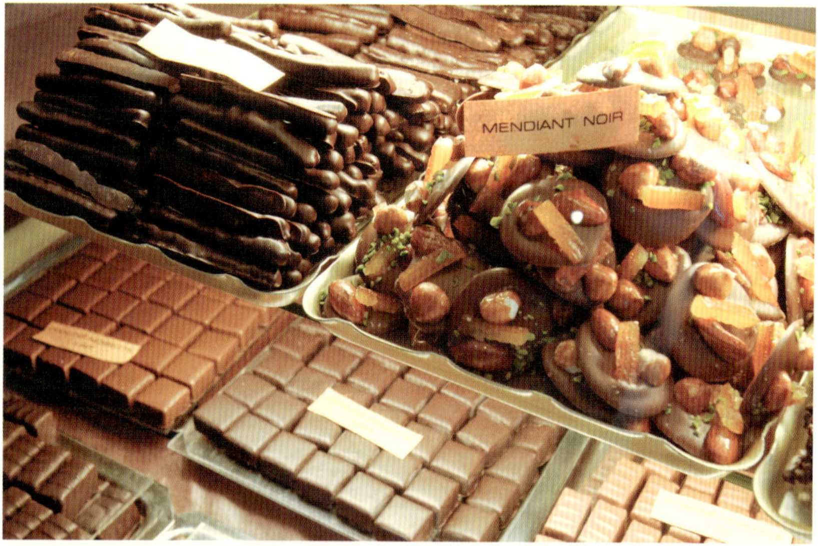

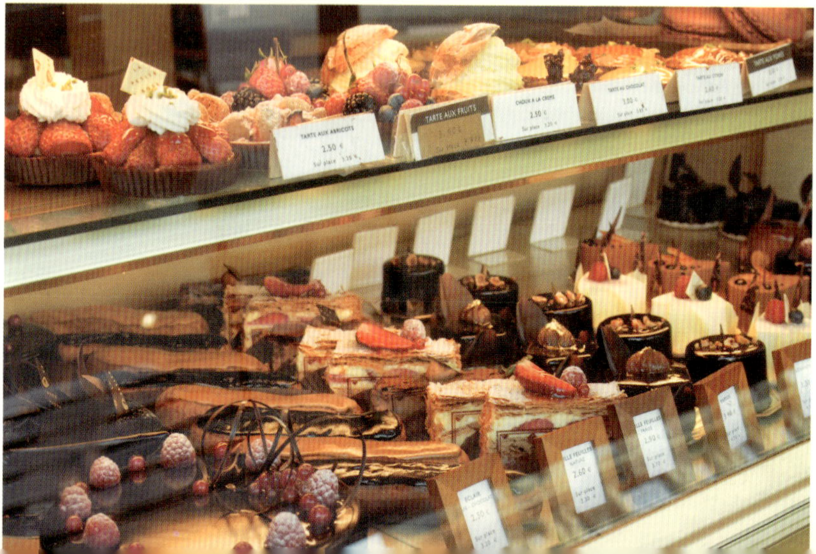

日本人のパティシエ、渡辺美幸さんが作る上品で繊細なお菓子とチョコレートが絶品で、私の大好きなお店です。私がここでおみやげとして一番におすすめするのは、オランジェット（オレンジピールのチョコレートがけ）。ちょっぴりビターなチョコレートが絶妙なバランスでオレンジの爽やかさをひきたてる逸品です。ほどよい甘さのクッキーも添えればお茶の時間がますます楽しくなります。この店の名、「ラ・プティット・ローズ（小さなバラ）」の由来となった、バラの香りのチョコレートも珍しいおみやげとして喜ばれそう。

サロン・ド・テも兼ねた店内はやわらかなピンクで心地いい空間です。

Recommandations!
おすすめ

Orangette
オランジェットは袋入り 6.4 ユーロ。

Assortiment de Chocolats
チョコレートの詰め合わせは 250g16 ユーロ〜。

Petite boîte de Chocolats
チョコレートははかり売りなので、オランジェットやバラなど好きなものを選んで。

パッケージ同様、ふんわりと優しいなかにコクのある味わいのチョコレートが絶品です。もともと好きだったオレンジピールがますます大好きになったのはこのお店のおかげです。季節のフルーツたっぷりのケーキ、デザート類もおすすめです。

「パリはパティシエとしてやりがいのある町です」というオーナー兼シェフ・パティシエの渡辺美幸さん。人気のお菓子屋さん、ジェラール・ミュロで仕事をしていたという腕の確かなパティシエ。2003年にオープンして以来、地元のマダムにも大人気のお店です。

La Petite Rose
11, boulevard
de Courcelles 75008 Paris
Tel : 01 45 22 07 27
open : 10h00〜19h30（木〜火）

métro : 2,3
Villiers

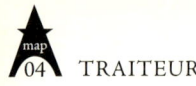

map 04 TRAITEUR

Divay ディヴェイ

パリで一番お値打ちのフォアグラが見つかる

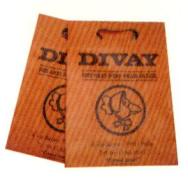

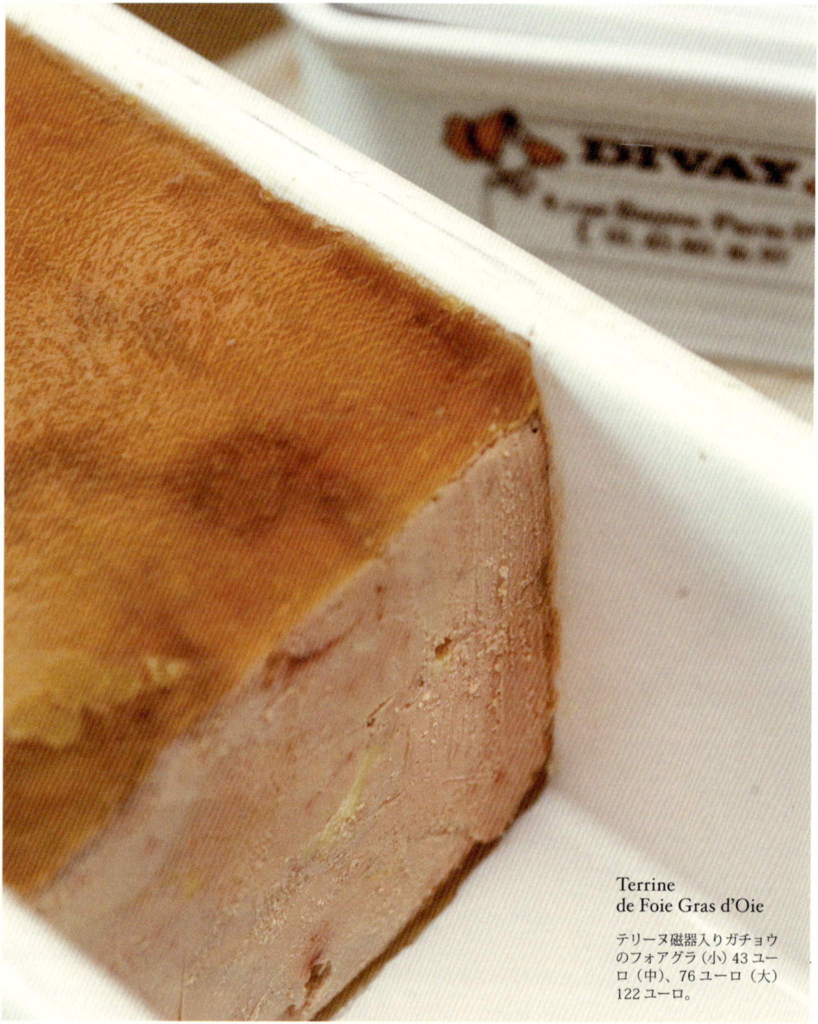

Terrine
de Foie Gras d'Oie

テリーヌ磁器入りガチョウのフォアグラ（小）43ユーロ（中）、76ユーロ（大）122ユーロ。

Recommandations!
おすすめ

Graisse d'Oie
ガチョウ油脂の缶詰
4ユーロ。

**Terrine
de Foie Gras d'Oie**
ガチョウのフォアグラ、
108ユーロ/kg。

フォアグラ類だけでなく、お惣菜も充実。トマトソースのシャンピニオンやアーティチョークの酢漬けなどシンプルで野菜のおいしさがストレートに伝わるものばかり。

Choucroute & Saucisses
アルザス地方郷土料理のソーセージ（右）はディヴェイがその味を誇るシュークルートに合わせて。

フワッとくちどけのいいガチョウのフォアグラなら、ここ！ ディヴェイのものほど質と値段のバランスがよくお買い得のフォアグラはありません。おみやげ用のテリーヌ磁器もかわいくて愛用しています。フォアグラのほかにおすすめなのは、アルザスの家庭料理、シュークルート（千切りキャベツを塩漬け発酵させたもの）。ベーコンやソーセージなども一緒に買ってホテルの部屋で簡単ディナーを楽しむのもいいかもしれません。

> フォアグラは鴨とガチョウとあり、好みもありますが、香りやテクスチャーなど、より品があるのがガチョウだと思います。特にここディヴェイの味には、1935年から3代にわたる家族経営の力量がつまっています。パテ類も豊富。1キロあたり、11～12ユーロとお手ごろなのが魅力です。

ガチョウのキャラクターがかわいいお店です。元気のいいオレンジ色につられて、フォアグラ、パテ、ソーセージと、おもわずたくさん買い込んでしまいます。双子の兄弟、フィリップ（右）とジャンピエール（左）・ディヴェイさんが、あたたかく迎えてくれます。

Divay
4, rue Bayen 75017 Paris
Tel : 01 43 80 16 97

open: 8h00~19h00（火～土）
8h00~13h30（日）

métro: 2

Ternes

map 05

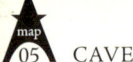

CAVE

Les Grandes Caves レ・グランド・カーヴ

目利きのセレクトする質のよいシャンパン、ワイン

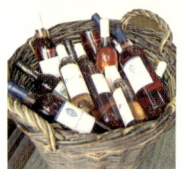

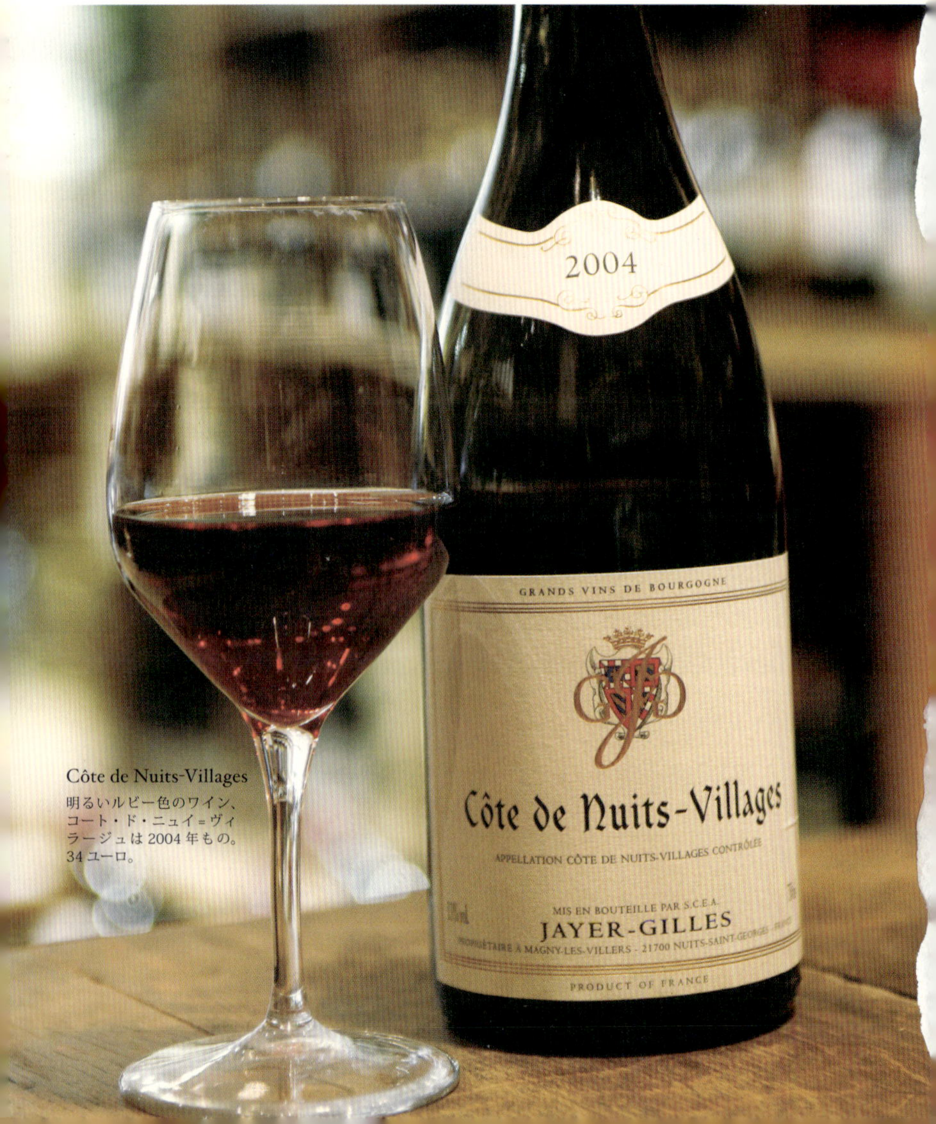

Côte de Nuits-Villages
明るいルビー色のワイン、コート・ド・ニュイ＝ヴィラージュは2004年もの。34ユーロ。

ワイン屋さんのよしあしは、店長がどれだけワイン醸造元と深く交流しているかによって決まります。ここの店長ジェロームさんと造り手との信頼関係はピカイチです。そのおかげで手に入る限定生産の貴重なワインや5ユーロ以下でも飲みごたえのあるおいしいワイン、27ユーロの芳醇なシャンパン。たとえ無名の造り手でもジェロームさんがおすすめとあれば、その質にまちがいはないので、ぜひ立ち寄ってお気に入りの一本を見つけてください。

ジェロームさんこだわりの品揃え。ひとつひとつが店主の厳しい基準をクリアした貴重な品です。

Recommandations!
おすすめ

シャンパンの種類が豊富なのがうれしいワイン屋さんです。モエ＆シャンドンなどの高級ブランドから、ジェロームさんが発掘した新しい造り手のものまで40種以上が並んでいます。

Château Labat
ボルドーでおすすめの赤はHaut Médoc（オー・メドック）のもの。18ユーロ。

Les Chevalières
白でおすすめはブルゴーニュ地方、Meursault（ムルソー）の2004年もの。36ユーロ。

Jacquesson
今一番おすすめのシャンパン。32ユーロ。

メドックなどクオリティの安定したボルドーのシャトーものから、海外の新しい地域のものまで、1500種のワインを所蔵しています。ワインのことなら何でもジェロームさん（写真）に聞いてください。手にしているのはアンジュの白ワイン。Domaine Mosse2004年もの16ユーロ。

Les Grandes Caves
9, rue Poncelet 75017 Paris
Tel : 01 43 80 40 37
open: 15h00~19h30（月）
9h30~19h30（火~土）
9h30~13h30（日）

métro: 2 Ternes

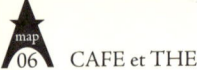

map 06 CAFE et THE

Brûlerie des Ternes ブリュルリー・デ・テルヌ

コーヒー、紅茶のこだわりセレクションはパリ一番

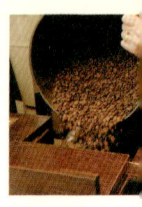

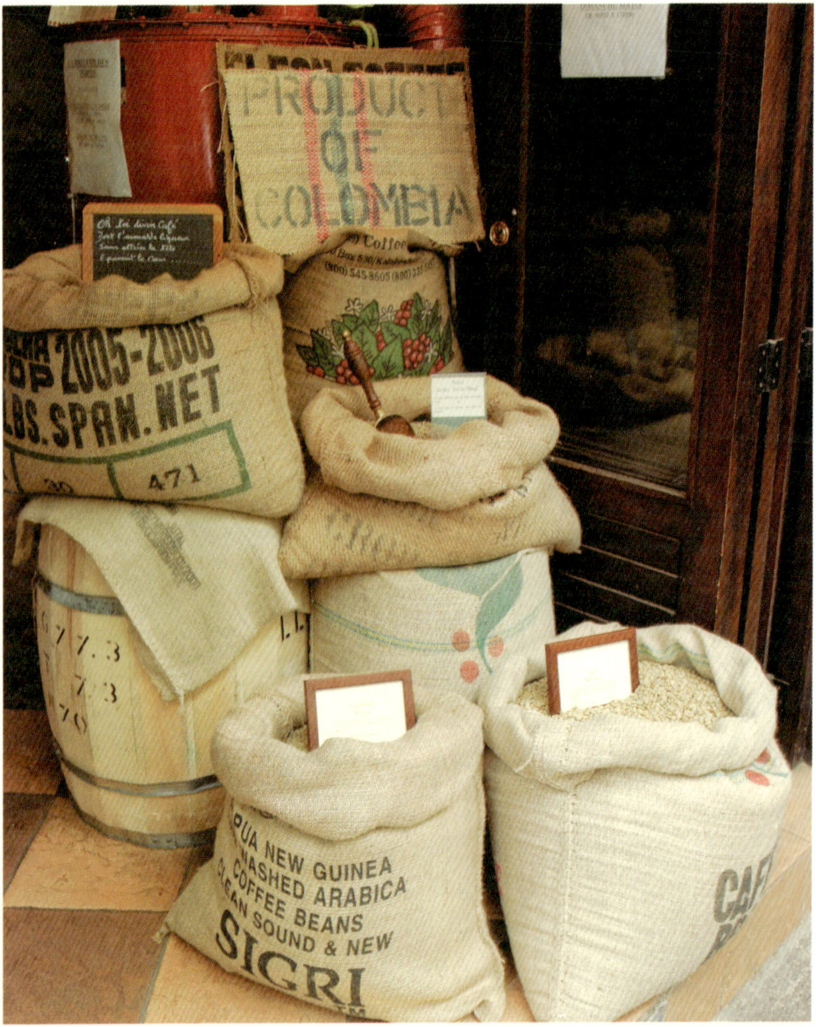

パリに住み始めて以来、変わらず愛用しているのは、この店のカフェ・シダモ、そして紅茶、モンターニュ・ブルー。特に、焙煎方法にこだわったコーヒーは通の友人には大人気です。ブラジルやエチオピア、ハワイなど全世界からセレクトされたコーヒーは生のままパリまで運ばれ、毎日10キロずつ8回も焙煎を繰り返してオリジナルのブレンドを作りあげるとのこと。究極のこだわりを味わってみてください。

オリジナルコーヒーは15分から20分の間、200から230度で焙煎されます。

Recommandations!
おすすめ

Café Sidamo
カフェ・シダモは上品で朝・昼・晩いつでも味わいたい香り。

Montagnes Bleues
紅茶モンターニュ・ブルーはこのオリジナルブレンド。落ち着きのあるふくよかな香りが大のお気に入りです。

オープンして30年にもなる老舗コーヒー屋さん。25平米の小さな店内に一歩足を踏み入れるとコーヒーの香ばしい匂いに包まれます。働き者のクリスチャンさんご夫妻（写真右二人）が、笑顔で迎えてくれます。

Brûlerie des Ternes
10 rue Poncelet 75017 Paris
Tel :01 46 22 52 79

open: 9h30~13h30,
　　　15h30~19h00（火~土）
　　　9h00~13h00（日）
定休日：月曜

métro: 2
Ternes

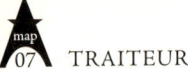

map 07 TRAITEUR

Daguerre Marée ダゲール・マレ

安くておいしいフランス産からすみが手に入る

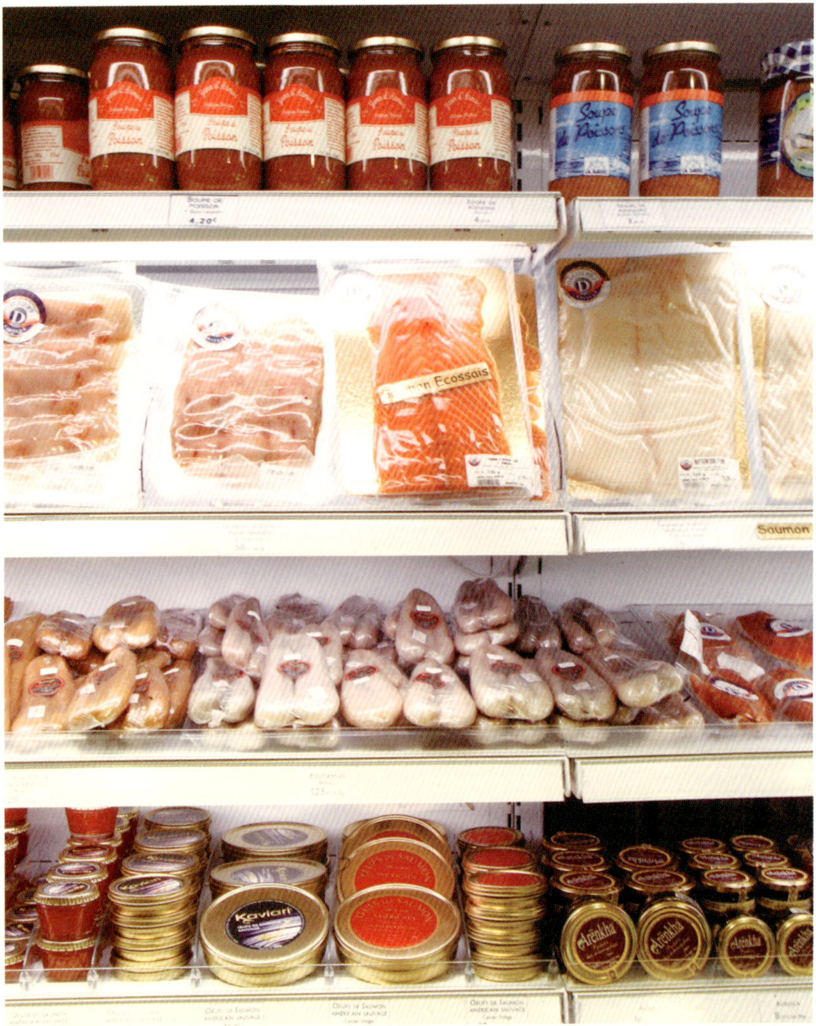

おみやげに最適なものを発見！ フランス産のからすみです。これほど上質のからすみがこの値段で手に入るのは、ここだけです。グルメの友人にはもってこいのプレゼントになりそう。一本そのままでも買えますが、スライスしたものやフレーク状のものもあり、使い道のバリエーションも広がります。まぐろのリエット（ペースト）やパッケージがユニークなあんこうのきも、ウニのペーストの缶詰など、アペリティフ用にもぴったり。

Rillettes de thon blanc
軽いおつまみにぴったり。まぐろのリエット 4.5ユーロ。

Boutargue Memmi
日本のものにも負けません。フランスのからすみ 125ユーロ /kg。

Recommandations!
おすすめ

Foie de lotte
あんこうのきもはビタミンたっぷり。5.3ユーロ。

Corail d'oursin de mer
海の香りが食欲を誘うウニのペースト。7.6ユーロ。

Boutargue râpée
お手軽なフレーク状のからすみは 8ユーロ。

Cœur de boutargue
珍しいおつまみとして、フランスのからすみをどうぞ。12ユーロ。

からすみには2種類あって、ミツロウでかためたものとナチュラルなものがあるのですが、私のおすすめは断然ナチュラル。値段は同じでも、こちらのほうが、からすみの風味がしっかりと閉じ込められています。便利なのは、フレーク状のからすみ。フレッシュトマトと合わせてスパゲッティに使えば、贅沢な一品になります。ぜひおためしください。

からすみに、うなぎの燻製、スモークサーモンに、まぐろのリエット。上質な海産物をあつかう店は、向かいの魚屋さんのアネックス。小さな店内では自家燻製したスコットランド産の新鮮なサーモンを切り売りしています。

Daguerre Marée
4, rue Bayen 75017 Paris
Tel : 01 43 80 16 29
open: 8h30~19h00（火〜土）
9h00~13h00（日）

métro: 2
Ternes

map 08

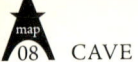

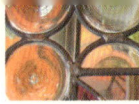

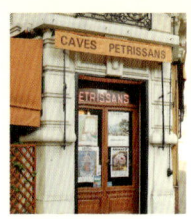

CAVE

Caves Pétrissans カーヴ・ペトリサン

絶品のさくらんぼのオー・ド・ヴィ漬けはいかが？

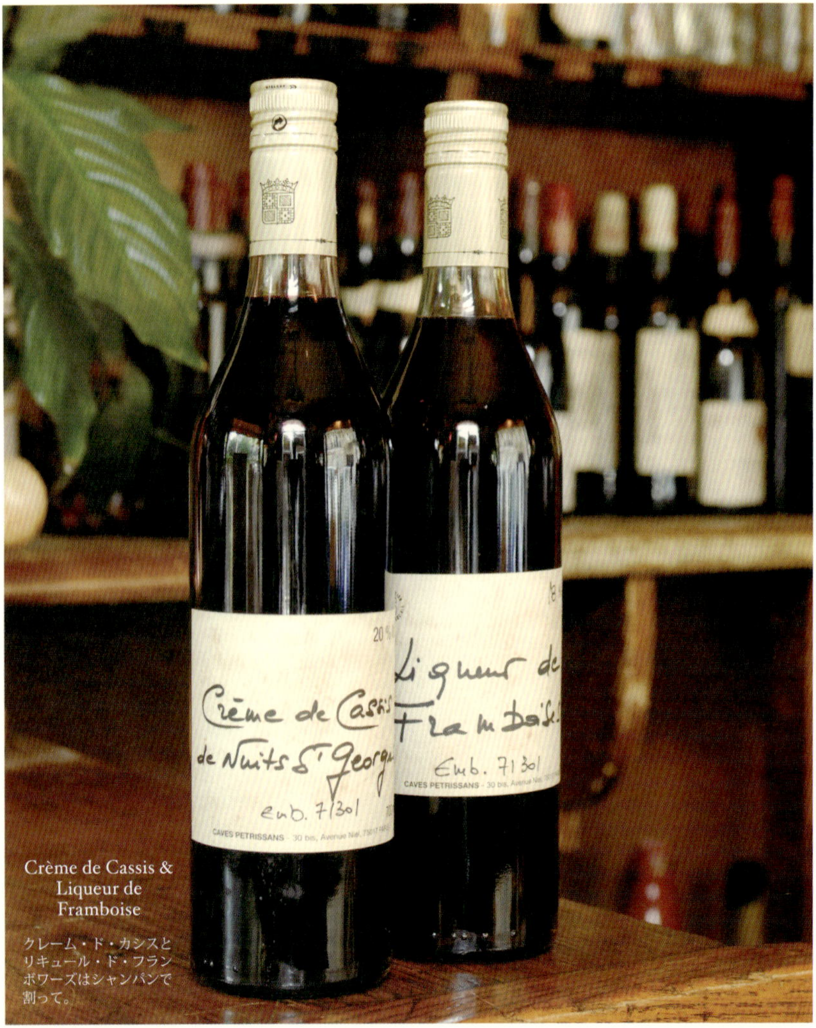

Crème de Cassis & Liqueur de Framboise

クレーム・ド・カシスとリキュール・ド・フランボワーズはシャンパンで割って。

おすすめは「スリーズ・ア・ロ・ド・ヴィ」。少し酸味の強いさくらんぼをブランデーでマリネした、ここでしか味わえない逸品。一度試した時から大ファンになった味です。コニャックやアルマニャック、クレーム・ド・カシスなどもすべてオリジナル。レストランで出されているアルコールはすべて買うことができます。味見をしながらゆっくりチョイスできるのも魅力的。

近くの住人が一日中出入りして、カウンターでお気に入りのワインを飲みながらオーナーとの会話を楽しめるアットホームな雰囲気のお店。夜はレストランになります。

Recommandations!
おすすめ

Godet <Folle Blanche>
マダム・アルモーズご自慢のコニャック。70ユーロ。

Crème de Cassis de Nuits St Georges
ペトリサン自家製のクレーム・ド・カシス。14ユーロ。

Grande Champagne Maison
自家製のコニャック。39ユーロ。

Cerises à l'Eau de Vie
スリーズ・ア・ロ・ド・ヴィ（さくらんぼのオー・ド・ヴィ漬け）。25ユーロ。

Eau de Vie de Framboise Spéciale
アルコール度数45％の自家製フランボワーズのオー・ド・ヴィ。54ユーロ。

アルコールの香りと酸味がさわやかな、さくらんぼのアルコール漬けが一番のおすすめです。レストランでも味わえますが、天気の良い夏の夜にテラスでいただくのが私のスタイルです。

親子代々100年にもわたり受け継がれたカーヴです。テリーヌやテット・ド・ヴォーなどのフランスの昔ながらの家庭料理も味わえます。マダム・アルモーズのセレクションで集められたフランスのお酒の数は800種類にも上ります。

Caves Pétrissans
30 bis, av. Niel 75017 Paris
Tel : 01 42 27 52 03
open: 12h00～20h00（月～金）
☆祝日以外

métro: 2

Ternes

プロに聞くおみやげ

chef
Stéphane Jégo
ステファン・ジェゴ

profil
ビストロ・ブームの先駆けを作った、イヴ・カンドボルドさんの「ラ・レガラッド」で、10年以上セカンドシェフとして働いたステファン・ジェゴさん。バスク郷土料理店だった「シェ・ラミ・ジャン」を買い取り、2002年に独立しました。ジェゴさんの出身地であるブルターニュの料理とバスク料理を融合させた独自の創作料理です。

Restaurant
Chez L'Ami Jean
シェ・ラミ・ジャン

ブルターニュ地方とバスク地方の料理を
パリ風にアレンジしたビストロは一番人気

map 09

Chez L'Ami Jean
27, rue Malar 75007 Paris
Tel : 01 47 05 86 89
open: 12h00~14h00
　　　19h00~0h00 (火~土)
　　　12h00~14h00 (日曜)
定休日：月曜

ビストロなのに何ケ月も前から予約が取れない。今、パリは空前のビストロ・ブームなのかもしれません。上質の料理を肩肘張らない雰囲気の場所でいただけるスタイルがその魅力なのでしょう。シェ・ラミ・ジャンのシェフ、ステファン・ジェゴさんは、「ラ・レガラッド」に勤めている時、フランスの権威ある料理雑誌で若手の最高職人賞に輝いたこともあります。料理に対するセンスは、ピカ一です。ジェゴさんは、ブ

métro: 8

La Tour Maubourg

ルターニュ地方出身で、郷土料理を愛する人。バスク郷土料理店だったというこの店を2002年に買い取りました。師匠のカンドボルドさんがバスク地方出身でもあるからでしょうか、この店では、バスク料理とブルターニュ料理からインスピレーションを受けた、独創的な料理を編み出しています。魚や肉の火の通し加減、調味のさじ加減をしっかりと心得ていて、心底おいしいものを知っている人の作る料理だと思います。ジェゴさんの実家で作る田舎風テリーヌや、カンドボルドさんのすすめるバスク地方のサラミなどをおいしいワインとともにつまむのも楽しいひとときです。

スペシャリテのデザート"リ・オ・レ"。フランス風ライスプディング。プラリネクリーム、さくらんぼのジャムとともに。

プロに聞くおみやげ

Stéphane Jégo

昔ながらの懐の深いビストロの店内は、連日の昼夜満席で賑やか。バスク織のナプキンもアットホームな雰囲気です。

特別に取り寄せたスペイン産のイベリコ生ハムや、バスク産の大きな唐辛子が並び、田舎風の心地よさもあります。

ステファンさんの親しいアーティストたちがプレゼントしてくれた絵やオブジェがところどころに飾られたインテリア。

Stéphane Jégo のおすすめ

お客さまのための食卓に欠かせない2品。牛乳の優しい香り、くちどけが抜群のバターは、パン・ド・カンパーニュのお供として。また、唐辛子パウダーは、まろやかな滋味深い辛味で、料理の味わいを引き立てます。「塩こしょうの代わりにお客さまに使ってもらっています」とステファンさん。

Poudre de Piment d'Espelette
バスク地方エスペレット特産の大きな唐辛子をパウダーにしたもの。

Le Beurre Bordier
ブルターニュ地方に拠点をおくボルディエさん手作りの有塩バター。

ル・ブール・ボルディエは、多くの星付きシェフが愛用。海藻入りなどオリジナルも。唐辛子パウダーはマルチな調味料。ともにボン・マルシェで購入可。

フランスを代表する食べ物

チーズ
Fromage

フランスはチーズ王国。その種類の豊富さは世界一を誇ります。フレッシュ、白カビ、青カビ、シェーヴル（山羊の乳）、ウォッシュ（アルコール、塩水などで表面を洗い熟成させる）、ハードタイプと、作り方によって味わいもさまざま。各チーズに合わせた食べ方で楽しみましょう。

Reblochon
（ルブロション）
ローヌ・アルプ地方のセミハード非加熱タイプ。ねっとりとした食感、ナッツ系の香りで、フランスでもっとも愛されるチーズのひとつ。ジャガイモのグラタン〝タルティフレット〟に必ず入れるチーズでもある。

Saint-Nectaire
（サン・ネクテール）
セミハード非加熱タイプ。オーヴェルニュ地方の山岳地帯が産地。グレーやオレンジ色などの厚手の外皮が特徴。ライ麦の藁の上で熟成させて作る。むっちりとした食感、フレッシュなミルクの味わい。

Camembert au Calvados
（カマンベール・オ・カルヴァドス）
白カビタイプを加工したもの。チーズの女王と呼ばれるノルマンディ産カマンベールチーズの外皮を取り去り、カルヴァドスに浸してから、パン粉で覆ったもの。強い酸味が閉じ込められた独特な味わいで、カルヴァドスと一緒に楽しみたい。

Morbier
（モルビエ）
フランシュ・コンテ地方セミハード非加熱タイプ。コンテチーズの凝乳の残りに虫よけのススをかけ、その上に翌日分の残りを重ねてできたのが始まり。真中の線がその名残で現在は食用灰が使用される。熟成したまろやかなミルクの味わい。

Mimolette
（ミモレット）
低温殺菌した牛乳で作るハード非加熱タイプのチーズ。オランダのチーズが原形で、フランスでは北部で作られる。ボール状の形とオレンジ色が特徴で、からすみのような旨味とナッツ系の香りをたたえる。

Rocamadour
(ロカマドゥール)
ミディ・ピレネー地方のシェーヴルチーズ。直径6センチほどで、柔らかくクリーミーなテクスチャー、濃厚なくちどけ、フローラルな香りが心地よい。火を通してもおいしいので、トーストなどにのせて焼いてもいい。

Laguiole
(ライヨール)
ミディ・ピレネー地方のチーズで、オーブラック牛のミルクで作るセミハード非加熱タイプ。ほのかな酸味をたたえた濃厚な味わい、滑らかな口当たり。ジャガイモのピュレと練り合わせて作る郷土料理〝アリゴ〟にも欠かせないチーズ。

Ossau-Iraty
(オッソ・イラティ)
バスク地方の羊乳で作るセミハード非加熱タイプ。直径26センチ高さ15センチの円盤状。コンテやカンタルチーズのようなハード系の口当たりで、ミルクが凝縮したような濃厚な味わい。サクランボのジャムに合わせて食べるのが伝統的。

Saint-Marcellin
(サン・マルスラン)
フレッシュタイプで、山羊乳と牛乳、あるいは両方を混ぜたものの3種がある。完熟タイプはスプーンですくって食べる。くるみオイルをきかせたサラダを添えたり、トーストしたパンと一緒に。

Brillat-Savarin
(ブリヤ・サヴァラン)
牛乳にクリームを加えて作った脂肪分75%の白カビタイプ。チーズケーキのようなクリーミーなテクスチャー。ほんのり酸味のきいたパン・ド・カンパーニュやパン・オ・ルヴァンなどと一緒に。

8e, Madeleine / Champs-Elysées

マドレーヌ
シャンゼリゼ周辺

map 10

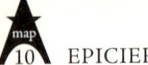

EPICIER

Albert Ménès アルベール・メネス

キュートなデザインでフランスの調味料が勢ぞろい

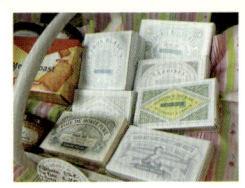

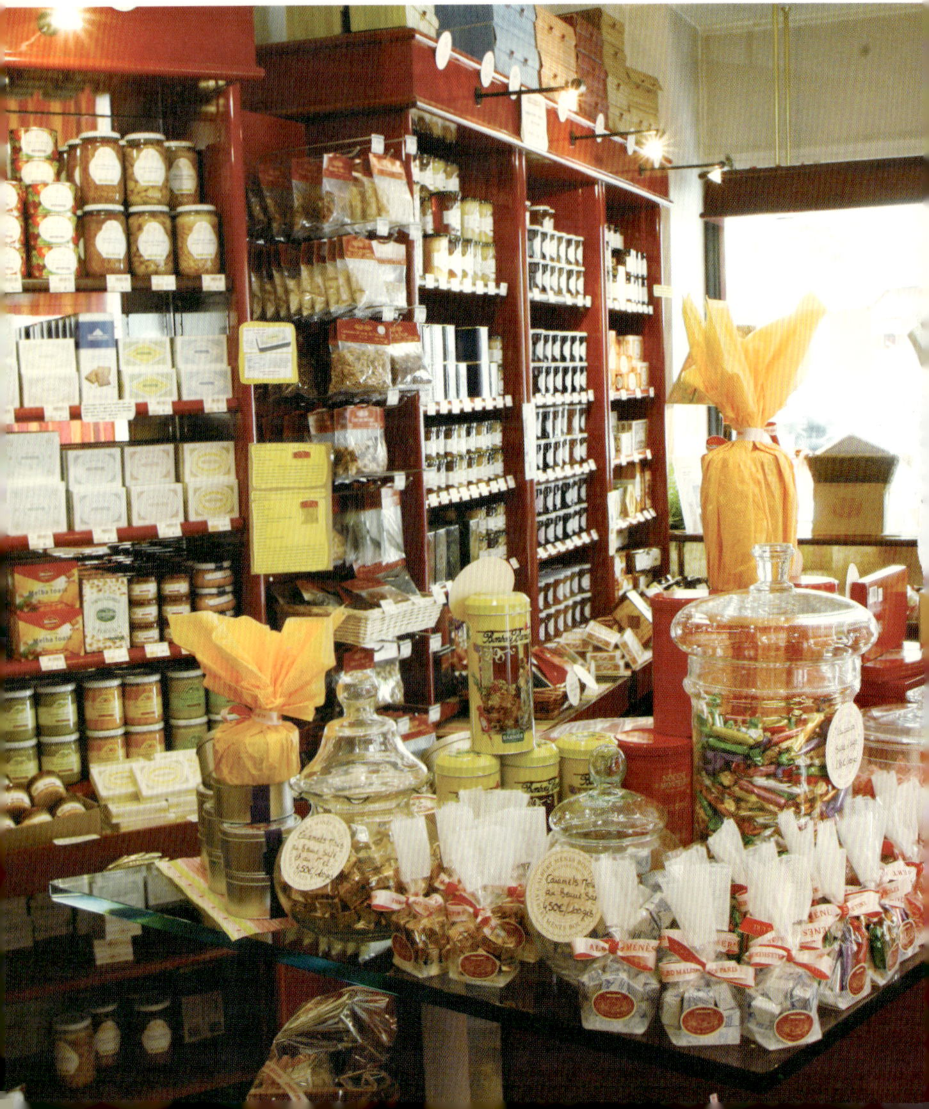

Recommandations!
おすすめ

Marmelade d'orange et citron
オレンジとレモンのマーマレードはパンにつけるだけでなく料理にも使えます。6.92 ユーロ。

Bouquet garni
1回分が布につつまれたブーケガルニはお料理好きにはたいへん便利。5.08 ユーロ。

Noix de muscade
ナツメグは削り板付き。削りたての香りはわくわくするほど嬉しい。4.62 ユーロ。

Safran en filaments
小さな容器にぎゅっと香りをつめたサフラン。12.61 ユーロ。

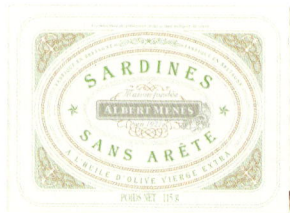

Sardines
鰯の缶詰もアルベール・メネスの手にかかるとかわいらしいおみやげに変身。5.31 ユーロ。

かわいいサーディン（鰯）の缶詰やジャム、スパイス類からボンボン（飴）、キャラメルまで。ここの商品は原産地や作り手にこだわっているので、味・品質ともにまちがいがありません。特におすすめは、日本では高価なサフラン、ナツメグといったスパイス、それからジャム類。塩味のきいたビスケットにチョコレートをかけたブルターニュ産ビスケットなどのお菓子もおいしくて、ついつい食べすぎてしまいます。

マドレーヌ寺院の裏手、静かなマルゼルブ通り沿いにあるアルベール・メネス唯一の路面店です。さまざまなスーパーで見かけるメネスの商品ですが、フラッグシップであるこのお店では、ほかでは見つからないメネスの商品に出会えます。

Albert Ménès www.albertmenes.fr
41, bd. Malesherbes 75008 Paris
Tel : 01 42 66 95 63
open: 10h30~14h00,
　　　15h00~19h00 (火～金)
　　　15h00~19h00 (月)

métro: 9
St-Augustin

map 11 MIEL

Les Ruchers du Roy レ・ルシェ・デュ・ロワ

テイスティングしながら選べるはちみつ専門店

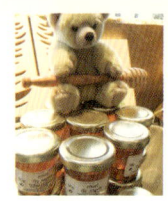

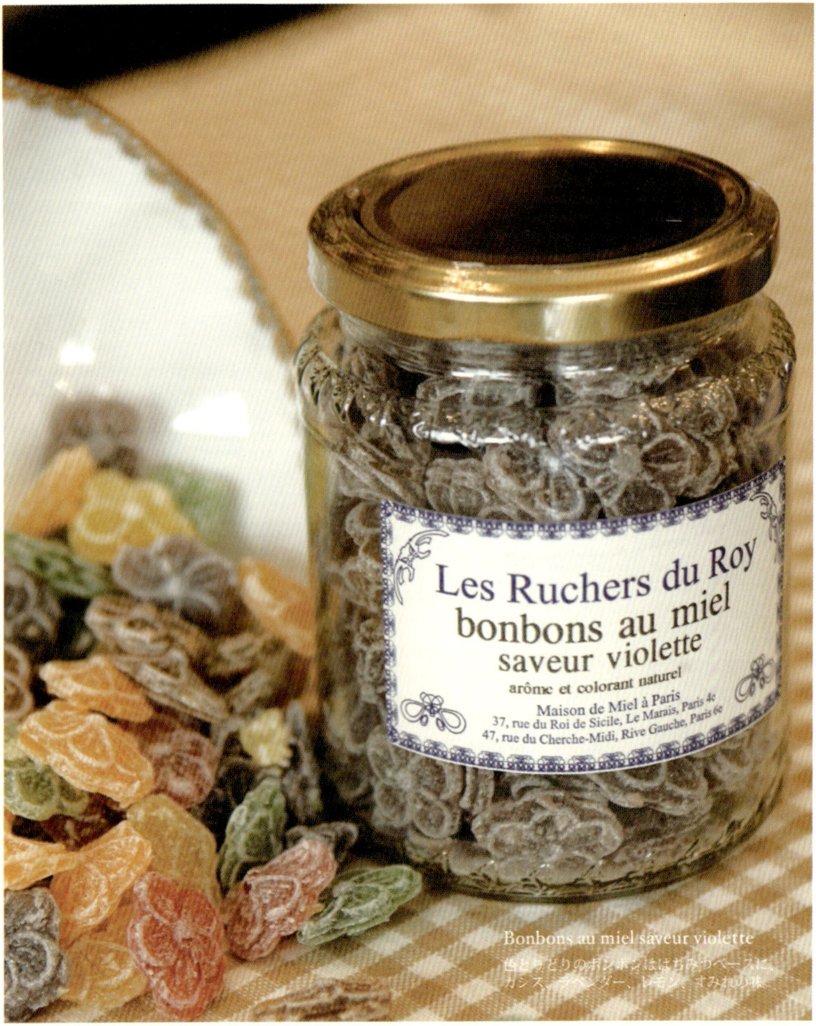

Bonbons au miel saveur violette
色とりどりのボンボンははちみつベースに、カシス、ラベンダー、レモン、すみれの味

はちみつ好きなテディベアがお店のキャラクターに。
左の瓶はヘーゼルナッツやくるみのはちみつ漬け。

Recommandations!
おすすめ

ラベンダーやすみれ、カシスなどのフルーツフレーバーのはちみつのボンボンが大好きで、見ているだけでも幸せな気分になります。レ・ルシェ・デュ・ロワでは、アカシアやラベンダー、栗の木などからとれる40種類以上のはちみつのほか、ヘーゼルナッツのはちみつ漬けや、ボンボン類、ヌガーやフルーツのコンフィを練り込んだ"ミエレ"というはちみつベースのペーストなどオリジナル商品が魅力です。

Miellée au Nougat de Montélimar

モンテリマー（南仏アヴィニヨン近く）のヌガーを練りこんだはちみつのペースト、"ミエレ" 4ユーロ。

Miellée aux Citrons Confits

レモンのコンフィ（砂糖漬け）を練り込んだ"ミエレ" 4ユーロ。

ボンボン好きの私が太鼓判をおすのが、ここのはちみつベースの飴です。なかでもすみれフレーバーははちみつとの相性が抜群です。オリジナル商品"ミエレ"をたっぷりぬったバゲットは贅沢な朝食に。お気に入り、ヘーゼルナッツのはちみつ漬けはアイスクリームにのせていただくのも美味です。

マレ地区、セーヴル・バビロン、マドレーヌとパリの中心地に3店舗構えるはちみつ専門店です。テイスティングができるのはマドレーヌのお店のみ。かわいい小物もそろっているので、ぜひ訪れていただきたいお店です。

Les Ruchers du Roy
17, rue Vignon 75008 Paris
Tel : 01 49 24 08 27
open: 10h00~19h00（月～土）

métro:
8,12,14

Madeleine

35

map 12

EPICIER
Publicis Drugstore ピュブリシス・ドラッグストア

シャンゼリゼで夜中2時まで賑わうおみやげ屋さん

**Nougats aux fruits &
Nougats aux amandes**

ドライフルーツ、ナッツのヌガーのセット。とりわけ用のサーバーや透明のプラスチックの楊枝も付いている。1ヶ月保存がきく。80ユーロ。

Recommendations!
おすすめ

Bonbonnière de rocks cœur

フランボワーズ味の赤いハートがかわいい飴。30ユーロ。

Tout doux coton

パステル色のコットンみたいなマシュマロ 13.5 ユーロ。

Bonbons Pralinés

プラリネ味のボンボン（飴）10.5 ユーロ

お菓子やスパイス、ジャムなど最新のおしゃれでおいしいおみやげがいっぱいのピュブリシス・ドラッグストア。Epicerie/ エピスリー（食べ物）コーナーは私の隠れたお気に入りの場所です。なんといっても、朝は8時から、そして夜中の2時まで開いているのはここだけですから！　おいしいだけでなく、デザイン性にも富んだアートなおみやげをじっくり物色できるところです。

L'amour du Chocolat / Marie Bouvero

マリー・ブヴェロのパッケージがかわいいチョコレートバー 10 ユーロ。

いつどんな時でも食事ができて、お酒が飲めて、ショッピングもできる場所としてモダンに改装されました。本屋さんやワインセラー、コスメティックのコーナーもあり、楽しく気軽にショッピングができるところです。

Publicis Drugstore

133 Avenue des
Champs-Elysées
75008 Paris
Tel : 01 44 43 79 00
open: 8h00~2h00

métro:
1, 2, 6

Charles de Gaulle -Etoile

map 13

TRAITEUR
Vignon ヴィニヨン

フランスの伝統食材や地方の味が集合

Saucisson Lyonnais Truffé
トリュフ入りリヨンのソーセージ。
65ユーロ／kg。

ヴィニョンには、フランス伝統食材がいっぱいです。なかでもおすすめは、リヨンのソーセージ。ナチュラルとトリュフ入りのものとありますが、どちらもピスタチオで香り付けされています。どっしりと力強いリヨンの郷土料理がそのまま味わえます。そのほか、フロマージュ・ド・テット（豚頭肉のパテゼリー寄せ）とフォアグラの組み合わせは上品な味でお気に入りです。

アネックスのワインカーヴは、ポムロールやマルゴーのマグナムなどリッチな品揃え。

> Recommandations!
> おすすめ

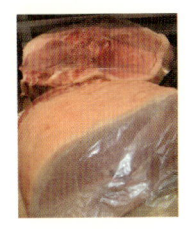

Jambon de York
ジューシーな骨付きハム。
44ユーロ／kg。

Terrine de Foie Gras
トリュフ入りの自家製フォアグラは248ユーロ／kg。

Fromage de Tête
フロマージュ・ド・テット（豚頭肉のパテゼリー寄せ）31ユーロ／kg。

Gosset
おみやげにかわいいゴッセの1/4サイズのシャンパンボトル。16.5ユーロ。

リヨンソーセージのおすすめの食べ方は、シンプルに茹でるだけ。水から炊いて30分。そして、茹でたポテトにエシャロットとワインビネガーソースを添えれば、それだけで贅沢な一品になります。

家庭料理よりワンランクアップの味が見つかります。ヴィニョン特製のサラダ・ニーソワーズや鶏のシンプルなロースト、香ばしいバゲットを買ってホテルやアパルトマンでフランス風ブルジョワのランチを気取ってみてもいいかもしれません。そうそう、ここの自家製クレームブリュレもなかなかのものです。

Vignon
14, rue Marbeuf 75008
Tel : 01 47 20 24 26
open: 8h45-20h00（月〜金）
9h00〜19h30（土）

métro: 1,9

Franklin D.Roosevelt

map 14

CHOCOLATIER, CONFISEUR

Fouquet フーケ

「チョコレートのエルメス」と名高い老舗高級菓子店

Dragées
淡いピンクと白のドラジェの詰め合わせ。
かわいいハート型の箱で。

Recommandations!
おすすめ

Chocolats Maison
フーケといえば、チョコレート。気軽におみやげにできる小さな瓶詰はどれもひとつ、8ユーロ。

Dragées
フランスでは結婚式の参列者に配ったり、子供が生まれると赤ちゃんの名前入りの箱で贈るドラジェ。

> シンプルな甘さが人気のひみつ、「チョコレートのエルメス」と呼ばれているフーケは、1852年パリの9区で誕生しました。以来、独自の製法で、伝統の味を守り続けるところが「エルメス」と呼ばれるゆえんかもしれません。

私にとってここは時代を超えた「お菓子の国」。やわらかいキャラメルや、ベルランゴとよばれるピラミッド形の飴など、昔懐かしいお菓子がたくさん見つかります。すべて手作りのキャラメルやボンボン、チョコレート、パット・ド・フリュイ（フルーツゼリー）。5代にわたってうけつがれた独自の伝統的手法で作られるチョコレートは、昔ながらの味わい。パリの格別なおみやげになります。

Truffes
トリュフチョコレート。すみれの砂糖漬けをちりばめた箱は、25ユーロ〜。

Berlingots
ベルランゴとよばれるボンボンは量り売りで、9.5ユーロ〜/100g。

ブランド店が目白押しのモンテーニュ通りと交差するフランソワ・プルミエ通りにあり、隣は老舗香水店キャロン、向いはディオールという超一等地にフーケは位置します。この界隈に昔から住むマダム御用達ショップです。

Fouquet
22, rue François 1er
75008 Paris
Tel : 01 47 23 30 36
open: 10h00〜19h15 (月〜土)

métro: 1,9

Franklin D.Roosevelt

フランスを代表する食べ物

お菓子
Sucreries

フランスでは生菓子はもちろん、それ以外のお菓子も人気で、パティスリーのほか、スーパーマーケットでもたくさん見つけることができます。マドレーヌやフィナンシエなどの焼き菓子、チョコレート、ボンボンなどのコンフィズリーまで。パッケージもフランスらしくおみやげに便利です。

Mendiant
（マンディアン）
マンディアンとは数種類のドライフルーツや木の実を取り合わせたもののこと。基本的には干しいちじく、レーズン、アーモンド、はしばみの実の4種。托鉢修道会（Ordres mendiants）の服の色が4種だったことからこの名が付いたという。

Calisson
（カリッソン）
南仏プロヴァンス地方エクス・アン・プロヴァンスのスペシャリテ。アーモンドと砂糖、メロンとオレンジの砂糖漬けをすり合わせて作る、フレッシュなマジパン。

Nonettes

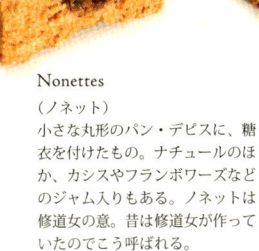

(ノネット)

小さな丸形のパン・デピスに、糖衣を付けたもの。ナチュールのほか、カシスやフランボワーズなどのジャム入りもある。ノネットは修道女の意。昔は修道女が作っていたのでこう呼ばれる。

Pâte de fruits

(パット・ド・フリュイ)

果肉がたっぷりのフルーツゼリー。オレンジやフランボワーズ、アプリコット、カシスなど、フルーツの味わいがそのまま閉じ込められている。

Praline

(プラリーヌ)

アーモンドに砂糖のカラメルをかけて、糖衣でくるんで仕上げたコンフィズリー。でこぼこの表面が特徴的で、リヨン周辺には、これをブリオッシュに入れて焼き上げる銘菓もある。

Nougat

(ヌガー)

砂糖、はちみつなどの甘味料で作った飴に、卵白を加え、アーモンドなどのナッツ類や砂糖漬けの果物を入れたコンフィズリー。卵白を加えないで作る、褐色のヌガーもある。

フランスを代表する食べ物

Sucreries

Crêpe dentelle
(クレープ・ダンテル)
ダンテルとはレースのこと。レースのように薄く焼いたクレープをくるくると巻いて仕上げた、お茶受けになる軽いお菓子。アイスクリームなどに添えられて出てくる。

Financier
(フィナンシエ)
同じ焼き菓子でも、全卵と小麦粉で作るマドレーヌに比べて、卵白とアーモンド粉で作るフィナンシエは、より軽くて香ばしい味わい。舟形や長方形が定番。

Meringue
(ムラング)
パリのパティスリーではよく大きなメレンゲを見かけるが、ミニサイズもある。チョコレートクリームなどを挟んで出せば、気のきいたプチフールに変身。

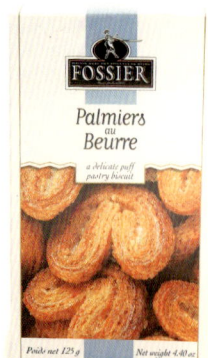

Biscuit Rose
（ビスキュイ・ローズ）
シャンパーニュ地方ランス市のスペシャリテ。カリッと軽いビスケットで、シャンパンに浸して食べるのが伝統的。食紅でローズ色にする。シャルロットケーキなどに使われることも。

Florentin
（フロランタン）
アーモンドをメインに、ピスタチオ、ヘーゼルナッツ、オレンジピールなどのドライフルーツをたっぷりと仕込んだキャラメル板で、片面にチョコレートを塗ったもの。

Guimauve
（ギモーヴ）
卵白と砂糖、ゼラチンで作るマシュマロ。ギモーヴとは「たちあおい」を指し、もともとは、形が似ていることからこの名がついたという。サイコロ状に切ったものもあり、さまざまな風味が付けられる。

Palmier
（パルミエ）
パイ生地を折り込んで、薄切りにして焼いたフール・セック（焼き菓子）。ハート形に見えるが、シュロ（パルミエ）の葉をかたどっている。パリパリとした食感とバターの風味が特徴的。

プロに聞くおみやげ

chef
Carena Raquel
カレナ・ラケル

profil
アルゼンチン出身のカレナ・ラケルさん。ル・バラタンを1985年にオープンして、小さな厨房ながらも、すべての料理を一手にとりしきっています。ブルターニュ地方の星付きレストラン、メゾン・ド・ブリクールの料理が好きというカレナさんの力強いビストロ料理は、かすかな故郷アルゼンチンの香りとともに人々を魅了します。

Restaurant
Le Baratin
ル・バラタン

女性シェフが切り盛りする
大人気のビストロ

庶民的なパリ20区にあるこのビストロは、地元だけでなくパリ中の食通フランス人で賑わいます。このあたりはあまり来ないエリアなのですが、カレナさんの作るパワフルななかに優しさがにじみ出るビストロ料理がどうしても食べたくて、つい足をのばしてしまいます。もともとワインバーということもあり、ワインに合う肉料理や野菜料理が得意。シンプルで素朴なのに、素材の味が最大限に引き出されるひと皿ひと皿は、彼女の人柄がプラスアルファされた魅力的なものばかり。食にうるさいパリジャンに愛される料理を作り続けるビストロの女性シェフは、こんなパリの片隅ですでに20年以上奮闘し続けています。昼は前菜・メイン・デザートまたはチーズがついて15ユーロ。夜はアラカルトのみ。毎日おすすめのワインがボードに書かれており、前菜、メインそれぞれに合うワインをグラスでいただくのが好きです。

map 15
Le Baratin
3, rue Jouye Rouve 75020 Paris
Tel : :01 43 49 39 70
métro: 11
open: ランチ&ディナー(火〜金)
ディナーのみ(土)
定休日:月曜、日曜

Pyrénée

皮付きポークをはちみつでローストしたカレナさんの得意料理。
グリーンピース、かぶ、ズッキーニなど季節の野菜をシンプルに添えて。

プロに聞くおみやげ

Carena Raquel

昔ながらのシンプルさが飽きのこないル・バラタンの店内です。
バーカウンターのボードに日替わりのメニューが手書きで書き込まれます。

白い大きなエプロンがよく似合うカレナさん。こんな20区の裏通りにあるル・バラタンは、小さな宝物のようなビストロです。

開放的な店内は、風通しがよく、心地よい空間。

Carena Raquel のおすすめ

カレナ・ラケルさんのおすすめはお店でも使っているという2品。マルドンの塩は、苦味のない柔らかい味で料理を繊細に仕上げます。「少量でも素材本来の味を引き出す」のだそう。もうひとつは老舗コーヒー屋さん、ヴェルレのカフェ・シダモ。「かすかに香るショコラの風味」がおすすめの理由です。

Cafés Verlet
20年愛用しているカフェ。食後のひとときには欠かせない味だそう。

Maldon
ピラミッド形のクリスタルフレーク状の塩は、1882年から続く伝統の味です。

マルドンの海塩は、ボン・マルシェの食品館グランデピスリーなら必ず見つかります。「なんでもおいしくしてくれる魔法のお塩」。料理を柔らかく、そして味わい深く仕上げます。老舗コーヒー店ヴェルレはレストランに卸売りしないので、「自分で買いに行っているのよ」とカレナさん。

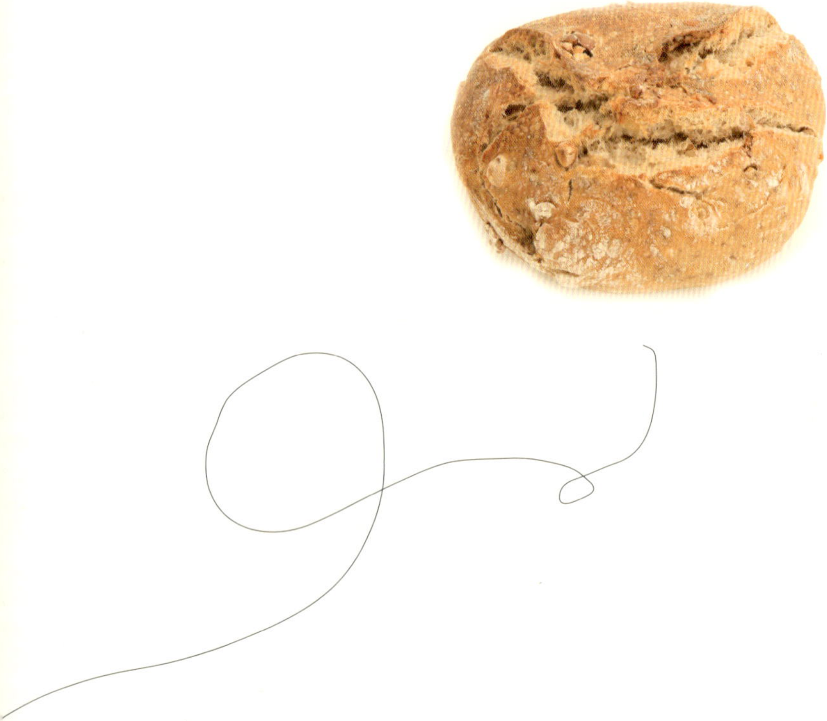

17e, 9e, Batignolles / Trinité

バティニョール
トリニテ周辺

バティニョール無農薬市場

こだわりの作り手ばかりがあつまる無農薬マルシェ

Marché Biologique des Batignolles

私の土曜日の朝はここから始まります。BIO（無農薬）のマルシェは、サンジェルマンのラスパイユの朝市が有名ですが、ほんとうに徹底したBIO派はここ。肉類やチーズ、はちみつに塩など、普通のものと比べて格段に味の質が違いますが、特に素晴らしいのは太陽の恵みをいっぱいに受けた野菜。収穫したてのものがそのままマルシェに並んでいます！

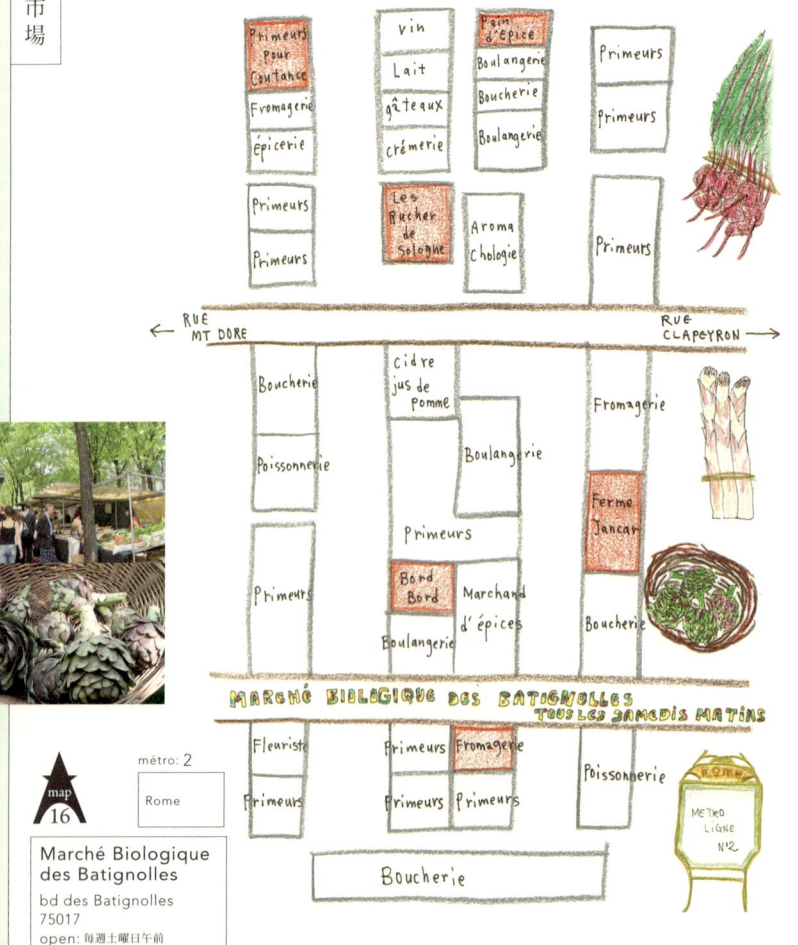

map 16

métro: 2
Rome

Marché Biologique des Batignolles
bd des Batignolles
75017
open: 毎週土曜日午前

Ferme de Bréviande

シェーヴル（山羊の乳）のチーズ専門店。かならず買うのが、一番シンプルなフレッシュソフトチーズ（2.5ユーロ）。そのままでも十分おいしいですが、ハーブや少量のこしょうでいただくと、かすかな酸味のある爽やかな前菜になります。

山羊のチーズといって敬遠される人もいるかもしれませんが、フレッシュなものでしたら、クセもなく食べやすいのです。はちみつと一緒にデザート感覚でもいただけます。

Les Ruchers de Sologne

パリ南部ソローニュ地方のはちみつ屋さんです。パンにも料理にも重宝するアカシアなどから、香味の強い栗の木からとれるはちみつまで、すべてビオ（無農薬）のうえ、ちょっとしたおみやげにもなるパッケージが魅力的です。ここのおすすめは、はちみつ飴。無農薬だからか、ここのものはのどに優しく浸透します。手放せない一品です。

常備しているはちみつ飴（左）。いろいろな味のはちみつを少しずつひとつのパッケージにしたお試しセットは手軽なおみやげです（右）。無農薬の濃厚なはちみつは、やみつきになる味です。

バティニョール無農薬市場

Marché Biologique des Batignolles

Bord Bord

フランス西部の海、ゲランド産の塩やおもしろい海藻食品を置いています。気に入っているのは、ここの塩のバリエーションの豊かさです。味付けのワンポイントとなるフルール・ド・セル（塩の花）のほか、バジリコ風味、ウイキョウ風味など、料理の目的に合わせた塩が見つかります。

フルール・ド・セル、ナチュラルなものは250gで4.5ユーロ、500gで8.8ユーロ。ハーブの風味が付いたものは、どれも150g入りで4.5ユーロ。

Au Val du Coutance

パリから東に60キロ、クロミエ近郊の野菜農家です。作り手であるジル・ジャメさんはステラマリスになくてはならない存在です。彼が作る大地のエネルギーをそのまま蓄えた無農薬の野菜に勝るものはありません。ステラマリスの新作もいくつかここの農家のおかげで生まれました。

ステラマリス定番のスープ用のイラクサや、つけあわせの野菜にいろどりと味の奥行きをあたえるルリヂシャなど、珍しい野菜が見つかります。徹底した有機栽培のパワフルな野菜ばかり。

Pain d' épice

ジャムや大粒のプルーンがおいしいお店。ここでのお気に入りは、パン・デピス（スパイスケーキ）です。自家製のしっとりした生地にしみ込んだスパイスは、噛みしめるほどに、深いあじわいが口に残ります。

カシス、さくらんぼ、黒いちごの手作りジャムは5.6ユーロ（右）。アーモンド、干いちじく、レーズン、はしばみの実を混ぜたマンディアン（左）は鴨などの肉料理に添えて。肉の旨味がぐんとひきたちます。

55

map 17

GALERIE DE CHOCOLATIERS
Via Chocolat ヴィア・ショコラ

地方でしか買えないチョコレートを集めたセレクトショップ

パリでは知られていない地方の職人のチョコレートを、まるで宝石のように大事に並べています。

56

職人を厳選し、パリでは味わえない地方の素晴らしいチョコレートを集めたお店です。今オーナーが虜になっているのが、パリ郊外コロンブ市のショコラティエ、レミ・アンリさんのチョコレート。クリームもバターも使わず、ミネラルたっぷりの水を利用したブラックチョコレートのガナッシュは、軽やかで新鮮な味わいです。

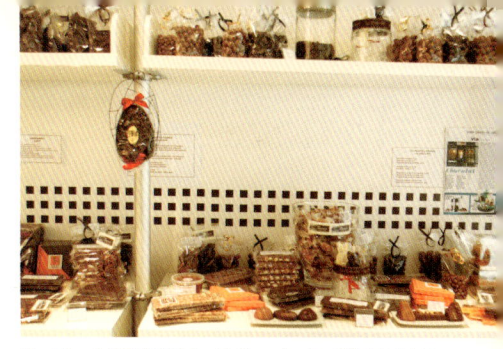

チョコレートはすべて69ユーロ／kg。オーナーが集めた7人の職人のチョコレートの組み合わせは自由。自分の好みのセレクションができます。

Recommandations!
おすすめ

Chocolat aux Epices
レミ・アンリのスパイス・チョコレートは乾燥トマト、クランベリー、ピスタチオ、コリアンダー、こしょう入り。

Boîte de Chocolats
箱入りは250g18ユーロ、375g26.5ユーロ。

ファビエンヌ・ポワ＝ドードのタイムやラベンダーを使ったデリケートで優しいチョコレート、レミ・アンリのガナッシュ、色づかいがさわやかなセバスチャン・ブイエ、カカオの香り高いノエル・ジョヴィのチョコレートなど、チョコレート好きが高じたオーナーのハイレベルなコレクションを堪能してください。

フランスで一番新しいチョコレートを味わいたい方はここで見つかります。小さな店内で、チョコレートに情熱をかたむけるオーナー、ミシェル・コテさんのお話をききながら、いろんなショコラティエの作品をためしてくださいね。

Via Chocolat
5, rue Jean-Baptiste Pigalle
75009 Paris
Tel : 01 45 26 12 73
open : 13h00~19h30（火～金）
　　　 10h30~20h00（土）
定休日：月曜

métro: 12
Trinité

PATISSERIE
Momoka 桃花

やみつきになるパリの和風ジェノワーズ

Génoise aux fruits rouge
赤いフルーツをのせたロールケーキは、季節の果物フランボワーズを混ぜ込んだクリームでデコレーション。

Recommandations!
おすすめ

Gâteaux
人気の抹茶を使った黒蜜シロップ入りの焼き菓子と、ほのかにふくよかなお酒の香りがする日本酒入りの焼き菓子です。ともに大 25 ユーロ、小 13 ユーロ。

Génoises
左からフランボワーズ、いちご、抹茶のロールケーキ。
1 人前 3.8 ユーロ。店内で食べる場合は 4.5 ユーロ。

> 作りたてのフレッシュなジェノワーズ以外にも、持ち帰りに便利な黒蜜シロップ入りの抹茶の焼き菓子や日本酒入りの焼き菓子も作っています。食通のパリジャンたちもこぞって買いに来ます。

Restaurant

小麦粉をほとんど使わないこの和食レストラン、桃花のジェノワーズが大のお気に入りです。一番のおすすめは、いちごのロールケーキ。何層にも巻かれたジェノワーズのケーキは至福の時をもたらしてくれます。シェフの橋本雅代さんは、私と同じ和歌山の田辺市出身！ だから味覚が合うのでしょう。彼女の作るちらし寿司は私の郷土の味と同じ。味の加減から材料まで好みにぴったりです。

テーブル 7 つの小さな店内には、書道家という橋本雅代さんのおじ様の作である書が飾られ、品よくかわいらしい雰囲気で地元のフランス人に大人気の和食レストラン。最近始めたというランチ（1 プレートメイン＋サラダで 14 〜 17 ユーロ）が好評です。

Momoka
5, rue Jean-Baptiste Pigalle
75009 paris
Tel : 01 40 16 19 09

open: ランチ＆ディナー時
時間はお問い合わせください。

métro: 12
Trinité

＊お菓子は前もって電話での予約が必要です

フランスを代表する食べ物

パン
Pains

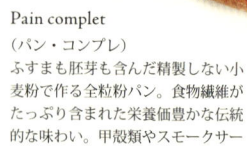

フランスパンというと、バゲットだけを思い浮かべがちですが、パンが主食の国ですから、料理に合わせた種類が豊富です。原材料として小麦粉が定番ですが、ライ麦や野生麦のパン、シリアルやドライフルーツ入りなど、それぞれ香りも食感も異なるので、用途に合わせ選べます。

Pain aux noix et noisettes
（くるみとヘーゼルナッツ入りパン）
ライ麦粉を加えて作る Pain de campagne（パン・ド・カンパーニュ）の生地に、くるみとヘーゼルナッツを入れて作ったパン。いちじくや、レーズン、アプリコットを入れたものもある。ブルーチーズやサラミ類などに。

Pain complet
（パン・コンプレ）
ふすまも胚芽も含んだ精製しない小麦粉で作る全粒粉パン。食物繊維がたっぷり含まれた栄養価豊かな伝統的な味わい。甲殻類やスモークサーモン、ソフトチーズなどに合う。

Pain de seigle
(パン・ド・セーグル)
ほのかな酸味が爽やかなライ麦パン。パン・コンプレと同様、繊維質が豊富。昔から、牡蠣には、必ず薄切りにしたパン・ド・セーグルが供される。そのほか、サラミ類や、ロックフォールなどのブルーチーズ向き。

Pain au levain
(パン・オ・ルヴァン)
天然酵母入りの種を使って焼き上げる。より酸味が香る、味わい深いパン。郷土料理などの味のしっかりした煮込みや、フォアグラなど、味わいの豊かなものに合う。

Fougasse
(フーガス)
オリーブオイルを加えた生地で作るプロヴァンス地方特有のパン。オリーブやシェーヴル、アンチョビ、ベーコンなどを生地に混ぜ、シュロの葉のような形で焼き上げる。

フランスを代表する食べ物

Pains

Bretzel
（ブレッツェル）
腕を組んだような形に作るアルザス地方のパン。クミンの種と粗塩が振りかけてあり、スパイシーな香りと、目の詰まったカリカリとした食感でビールによく合う。

Baguette
（バゲット）
フランスパンのシンボル。カリッと焼き上がったクラスト、もちもちとしたクラムが特徴的。どんな料理にも合う。サンドイッチから、甘いジャムやチョコレートペーストを塗ったタルティーヌまで。

Kougelhopf
（クグロフ）
Kouglop、Kougelhof など、さまざまな綴りで記されるアルザス地方のパン菓子。斜めにうねりのある型で焼き上げたブリオッシュで、中にレーズンなどが入っている。アルザスワイン、リースリングのお供にも。

Pain de son
(パン・ド・ソン)
ふすま入りパン。生地に加えるだけでなく、表面にもふすまを付けて焼き上げた栄養価の高いパン。滋味豊かな味わい、香ばしい香りで、カマンベールやブリーなどの白カビチーズに合う。

Pain aux céréales
(パン・オ・セレアル)
シリアル入りのパン。店によってブレンドするシリアルの種類は異なるが、燕麦、ゴマ、ヒマワリの種、粟、亜麻などが入っている。食物繊維、ビタミンが豊富。鶏料理や軽くフレッシュなチーズ向き。

6e, 7e Saint-Germain des Prés /
Ecole Militaire

サンジェルマン・デ・プレ
エコル・ミリテール周辺

BOULANGERIE
Poilâne ポワラーヌ

行列ができる老舗パン屋さんのお菓子はやっぱり実力あり

Punition
ポワラーヌ独自の製法で作られたクッキー「ピュニッション」。

Recommandations!
おすすめ

Tarte aux pommes
タルト・オ・ポムは、香ばしく焼き上げられたポワラーヌオリジナルのパイ生地に、りんごのコンフィ（砂糖漬け）が織り込まれています。焼きたてを買って、その場で食べるのが最高の贅沢です。

小麦粉の質、配合にこだわるだけあり、パイやクッキーの生地はパリ一のクオリティ。飾り気のない昔ながらのスタイルがポワラーヌのブランドです。

レンガを積み重ねて作った窯でじっくり時間をかけて焼かれるパンやお菓子は、その時間と同じだけ愛情がこもっています。パリにいてよかった！としみじみ感じるのは、ポワラーヌの焼きたてのタルト・オ・ポム（りんごのタルト）をサクッとかじる時。バターたっぷりのクッキーやサトウキビ使いが素朴なボンボンも、ポワラーヌのかくれた人気商品です。

Bonbons au citron
サトウキビベースのシンプルな飴。レモン味

Bonbons à la menthe
飾らない味がおすすめのミント風味

サンジェルマン・デ・プレ、シェルシュ・ミディ通りにあるポワラーヌには、パリ右岸の素敵なマダムだけでなく、かわいらしいパリジェンヌも並びます。小さい頃から本物の味を知ることこそが、人を育てます。

Poilâne
8 rue du Cherche Midi
75006 Paris
Tel : 01 45 48 42 59
open: 7h15~20h15 (月～土)

métro: 10,12
Sèvres-Babylone

QUENELLES BIO
Giraudet ジロデ

グルメの街リヨン直送のビオ・クネル（無農薬のつみれ）

ずらりとならぶ、フレッシュなクネルは左がイカ墨、右がそば粉のもの。冷蔵庫で4日くらいは保存可能です。

moulée à la cuillère
Quenelle noire
à l'encre de seiche
50 g - 1,70 €

moulée à la cuillère
Quenelle pur beurre
Sarrasin
50 g - 1,30 €

Quenelles en sauce
Brochet/Nantua 1/2 - 3,95 €
Volaille/Financière 1/2 - 3,90 €

Quenelles en sauce
ブロシェ（川カマス）や鶏肉のクネルをソースと一緒に缶詰にしたものです。温めるだけでOK。

Huile de noisette
質の高さで名高いルブランのくるみのオイル。

Recommandations!
おすすめ

Sauce Nantua
クネル初心者でもこんなに豊富な種類のソースがあれば、さまざまに楽しめます。バターたっぷりのナンチュアソース（左）が基本、カレー味、トリュフ味へとグレードアップ。

Sauce au curry

Sauce aux truffes

Sauce tomate bio
トマトソースはクネルだけでなくスパゲッティや肉料理、お好きな使い方でどうぞ。

Sauce Crustacés
海鮮ソースには川魚やイカ墨のクネルがおすすめです。

すべてビオ(無農薬)なのがうれしいお店です。バターベースのリヨンの郷土料理に新風を吹き込んだ、モダンで軽やかなおいしさが気に入っています。自分ではなかなか出せない手の込んだ味が簡単にできるので、ジロデのスープ、クネルでリヨン風フルコースなどいかがでしょう。

リヨンといえば食通の街として有名ですが、その特産品クネル（肉や川魚などのすり身）を無農薬で作っているお店です。オーソドックスな鶏や川魚のものから、イカ墨やそば粉で作ったクネルもあり、無農薬トマトソースや海鮮風味のソースを一緒に買えば、本格的なディナーが手軽に用意できます。缶詰にされたものもあり、フランスの郷土料理の味をそのまま持ち帰ることができます。

Soupe fraise au vin
ワイン風味のいちごの無農薬スープ。

フレッシュなクネルをメインに、ソースもフレッシュ、缶入りのものとあります。無農薬のクネルは小さめなので、食いしん坊なら3つくらい選んでもいいでしょう。5種類あるソースとの組み合わせを考えただけでも、さまざまなバリエーションができ、飽きのこないおいしさにワクワクします。

Giraudet
16, rue Mabillon 75006
Tel : 01 43 25 53 00
open: 14h30～19h30 (月)
　　　10h00～13h00,
　　　13h30～19h30 (火～土)

métro: 10
Mabillon

SALON DE THE
L'Artisan de Saveurs ラルティザン・ド・サヴール

オリジナルの冷製ハイビスカスティーに惹かれて

Thé glacé à l'hibiscus
冷製ハイビスカスティー。

デザート菓子と40種以上のオリジナルブレンドのお茶とともに、私がゆったりとした午後のひとときを過ごす場所です。ショコラだけでも5種をそろえるサロン・ド・テはパリでもここだけ。おすすめは、ここのオリジナルティー。特にセイロン、チャイニーズティー、そしてハイビスカスの花びらをブレンドした冷製のハイビスカスティーは、ビタミンCいっぱい。鮮やかなルビー色がお気に入りの飲み物です。

ベージュを基調にした店内は、木のぬくもりがあたたかい雰囲気。ティータイムもおすすめですが、「パリー」に輝いたブランチで素敵な旅の週末を過ごすのはいかがでしょう。

Recommandations!
おすすめ

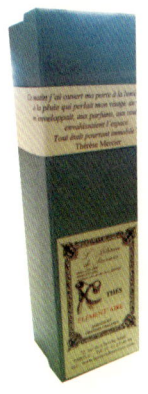

Thés "Elément aire"
「お茶入門」のおみやげセット。
20ユーロ。

Thés "Le Feu"
オリジナルティ「火」。
12ユーロ。

Rhubarbe et Agrumes
ルバーブと柑橘類のジャム
6.5ユーロ。

Gelée de Demoiselle Clothilde
青りんご、ハイビスカス、エグランティエ(野ばら)をブレンドしたジュレ(ゼリー)。

ビタミンCたっぷりの冷製ハイビスカスティーは1ℓの水に対して30gの茶葉でいれてください。80gのお砂糖を加えて3時間は蒸らすこと。キーンと冷たくしていただくのがコツです。水・風・土・火の4元素の名前が付けられた「お茶入門」セット(写真左)はフランス流にお茶を楽しみたい方に。

Le DivellecやRoyal Club Evianのシェフ・パティシエを歴任したパトリック・ルスタロさんが心のこもったもてなしの空間を演出するサロン・ド・テ。人気のデパート、ル・ボン・マルシェに近いシックなエリア、シェルシュ・ミディ通り散策のついでに優雅なひとときを。

L'Artisan de Saveurs
72, rue du Cherche Midi 75006
Tel : 01 42 22 46 64

open: 12h00~18h30 (月火木金)
　　　12h00~19h00 (土)
　　　11h30~15h30 (日)

métro: 10,12
Sèvres - Babylone

map 22

PRODUITS DU SUD OUEST
Au Petit Sud Ouest オ・プティ・シュド・ウエスト

バスク地方のおいしいものが勢ぞろい

**Foie Gras
de Canard Entier**
鴨のフォアグラ。瓶詰は1
年保存可能。

食材は、すべて1日おきにバスク地方から直送されてくる、新鮮そのもののフォアグラと鴨の専門店です。フォアグラのパテやお惣菜もおすすめですが、私の一番のお気に入りは、下の写真のバスク地方のお菓子、Croustade aux pommes parfumée à l'armagnac というりんごのタルト。マダムが作るフォアグラのテリーヌも人気商品のひとつです。

店内は食材・惣菜コーナーとワインコーナーがあり、その奥にレストランスペースがあります。

Recommandations!
おすすめ

Croustade aux pommes parfumée à l'armagnac

アルマニャックで香り付けしたバスク風りんごタルト。1 ホール 19.5 ユーロ。

Foie Gras d'Oie Entier & Bloc de Foie Gras de Canard

ガチョウのフォアグラ（上）29 ユーロ /135g と鴨のフォアグラ（下）19.9 ユーロ /135g。

Foie gras entier frais

生のフォアグラを真空パック。68.6 ユーロ /kg。

一番のおすすめであるアルマニャックで香り付けしたバスク風りんごタルトは、さくさくのパイ生地が決め手。このお菓子は、バスク地方のおじいさんがこの店のためだけに作り続けている特別の味です。

1981 年にオープンしたアンドレ夫妻のお店は、鴨やフォアグラ料理に合うボルドー、フランス南西部のワインもたくさんそろっています。店内奥にあるレストランスペースのほか、夏場はテラスでバスク料理を味わうのも楽しみです。

Au Petit Sud Ouest
46, Avenue de
la Bourdonnais
75007 Paris
Tel : 01 45 55 59 59
open: 9h30~0h00 (月～金)

métro: 8
Ecole Militaire

プロに聞くおみやげ

chef
Pierre Gagnaire
ピエール・ガニエール

profil
1950年アピニャック出身のピエール・ガニエールさんは、サンテチエンヌで父親の経営するレストランをわずか1年でミシュラン1つ星に、自身のレストラン「ピエール・ガニエール」を、4年で3つ星にした実績の持ち主です。1996年にパリにやってきてからも、わずか2年という短期間で3つ星シェフとなりました。

Restaurant
Pierre Gagnaire
ピエール・ガニエール

2001年から分子料理博士としても活躍するガニエールさん。斬新かつ芸術的なハーモニーを奏でる料理の数々を生み出すガニエールさんは、まさに厨房の錬金術師です。ガニエールさんと出会ったのは、サンテチエンヌのレストラン「ピエール・ガニエール」。私が夫とフランスに住み始めたばかりのころでした。その時は、まさか自分たちが彼と将来ご近所同士になろうとは思ってもいませんでした。サンテチエンヌでガニエールさんは、こちらが料理人とわかると気さくに話しかけてきてくれ、意気投合。料理人同士というものは、言葉・国境を超えたコミュニケーションがとれるものです。

ガニエールさんはそののち、バルザック通りに自身のレストランをオープン、私たちはその1年後、パリの「Pierre Gagnaire」と目と鼻の先、アルセーヌ・ウセイ通りにステラマリスをオープンしました。以来、仕事が終わると気軽にシャンパンを飲む仲間です。彼の大胆な着想のお料理は、驚きでいっぱい。知れば知るほど、ガニエールさんの魔法の磁力を確信します。

map 23

Pierre Gagnaire
6, rue Balzac 75008 Paris
Tel : 01 58 36 12 50
open: ランチ、ディナー（月〜金）
　　　ディナー（日）

métro: 1
George V

店内はアールデコ調でまとまっていて落ち着いた雰囲気です。特別な日にドレスアップして出かけたいレストランのひとつ。

プロに聞くおみやげ

Pierre Gagnaire

Pierre Gagnaire のおすすめ

EPICIER

Goumanyat グーマニア

プロの料理人が通う本格エピスリー

map 24

ピエール・ガニエールさんはじめ、3つ星シェフがこぞって香辛料を調達しているエピスリー、グーマニアは1809年創業の老舗です。上質のサフラン製造で知られるティエルセン一家だけあって、そのスパイスの新鮮さと品質は格別です。ガニエールさんは、ここグーマニアの酸味の効いた「Epine vinette」やソースの隠し味に南インド産「Vadouvan」を愛用しています。

Coffret Trésor <Epices Divines>
タスマニアこしょうなど、4種の貴重なスパイスの詰め合わせ42ユーロ。

Vadouvan

カレーの葉、ガーリック、マスタードなどを調合したインドスパイス。

Safran

グーマニアの十八番、サフランは強い太陽の香りが高品質の証拠。

Epine Vinette

酸味が強い乾燥スパイスはお米やお肉と炊き合わせたりして使う。

メギ科の植物の実を乾燥させたスパイス Epine Vinette はデザートに使ったりコンフィチュール（ジャム）にしてもおいしくいただけます。インドスパイス、Vadouvan はブイヨンのような味ですが、野菜に加えると、少しスモークをかけたような仕上がりになります。

北マレ地区に位置するグーマニアは、3つ星シェフ御用達のスパイス店。高品質なサフランやスパイス、ハーブ類が手に入ります。地下にはワインカーヴ、2階にはプロ御用達の調理器具をそろえ、定期的に行われる料理教室ではスパイスのおいしい使い方を習うことができます。

Goumanyat

3, rue Charles-François Dupuis
75003 Paris
Tel : 01 44 78 96 74
open : 14h00〜19h000（火〜金）
　　　 11h00〜19h000（土）

métro: 3
Temple

気になるチョコレート屋さん

map 25 CHOCOLATIER
La Maison du Chocolat ラ・メゾン・デュ・ショコラ

フランス自慢！　本店の老舗の味

La Tasse de Chocolat
つぶつぶのホットチョコレートは 11.1 ユーロ

Gâteau au Chocolat
1本で18ユーロ。カットされたものは1個3.3ユーロ。

メゾン・デュ・ショコラといえば、厳選された素材の最高のショコラ。カカオ65％以下で仕上げる、その上品なまろやかさが、ケーキにも存在感を与えるのでしょう。ホットチョコレート用に粒になった"ラ・タス・ド・ショコラ"は、お好みでバターをほんの少し入れるとぐっと深みがまします。

世界中のショコラファンを魅了するメゾン・デュ・ショコラ。パリ8区の本店は、そのおいしさが凝縮しています。特に"ガトー・オ・ショコラ"は、何年食べ続けても飽きのこない、バランスのいいチョコレートケーキ。しっとりと濃厚でありながら、ふんわりとした風味です。ほかにも、ダマにならないホットチョコレートを作ることができる"ラ・タス・ド・ショコラ"も愛用しています。

凱旋門からテルヌの市場方面に向かう途中、フォーブール・サントノーレ通りに、メゾン・デュ・ショコラの本店があります。オペラ座などパリ中心街とはすこし趣が違う、ちょっとした「穴場」でもあります。

La Maison du Chocolat（本店）
225, rue du Faubourg - Saint-Honoré
75008 Paris
Tel : 01 42 27 39 44
open: 10h30~19h00（月～土）
10h00~13h00（日）

métro: 2　Ternes

気になるチョコレート屋さん

CHOCOLATIER
Patrick Roger パトリック・ロジェ

本格派職人の生み出すチョコレートのハーモニー

Chocolats pour Pâque
貝の形のチョコレートは復活
祭用。１００ｇ入り９ユーロ。

Un pot de muget
すずらんをプレゼントす
る５月１日のために作っ
た作品。１３ユーロ。

Petite boîte de Chocolats
チョコレートは４個入りで
１箱７ユーロ〜。

2000年MOF（フランス最優秀職人）に輝いた
パトリック・ロジェ。今、注目のショコラティエ
です。オリジナリティあふれる斬新なチョコレー
トのおすすめは、プラリネのチョコレート。チョ
コレートに包まれたくちどけのよいプラリネク
リームが、ほどよい甘さと苦味で味に奥行きを与
えます。ライムのガナッシュなど、酸味を活かす
その手腕をこころゆくまで味わってみてくださ
い。

パリ中心地の６区サンジェルマン通に面していま
す。ブティックのウィンドーは、ロジェさんがその
アーティスティックな才能を存分に発揮する場所。
季節ごとに一新されるウインドーのショコラをみる
のも楽しみです。

Patrick Roger
108, bd Sanit-Germain
75006 Paris
Tel：01 43 29 38 42
open：10h30〜19h30
定休日：火曜

métro: 4,10

Odéon

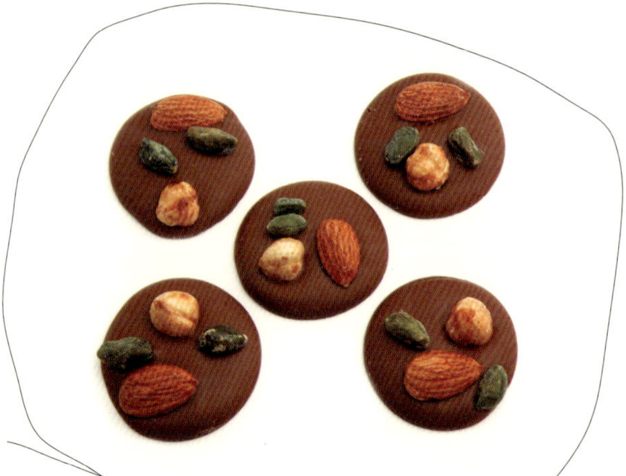

16e, Victor Hugo / Trocadéro

ヴィクトル・ユーゴー
トロカデロ周辺

map 27

BONBONS, THES, CHOCOLATS

La Marquisane ラ・マルキザンヌ

キュートなパッケージに包まれたおいしさ

Cacao au Lait
ホットミルクチョコレート
用のココアパウダー。

Recommandations!
おすすめ

Cacao au Lait
ミルクチョコレートパウダー。21.5ユーロ。

Rooibos Tisane
ルイボス入りのハーブティー。19ユーロ。

Sucre Cassonade
6種のスパイス入り、チャイティー用のお砂糖。

生姜とオレンジのコンフィとアーモンドを絶妙にブレンドしたヌガティヌは一番のおすすめ品です。ほかにも、6種のスパイス入りのチャイティー用のお砂糖など、ほかにはないちょっとした工夫をほどこしたおいしいものでいっぱいです。

Nougatine
チョコレートのヌガティヌ。16ユーロ。

おすすめはココアとハーブティー、そしてチョコレート。なかでも生姜とオレンジのコンフィとアーモンドを絶妙にブレンドしたチョコレートのヌガティヌはひとめぼれの一品です。ハーブティーはすべてナチュラル。ルイボスがミックスされているものは私のお気に入りです。旬を大切にしているので、シーズンごとにおいしいものがリニューアルされます。センスのよさが味に光る大好きなお店です。

最高においしいものをお客さまに提供したい、とエマニュエルさんが厳選するお菓子やハーブティーや紅茶は、パッケージも素敵です。大好きな方々に思わずプレゼントしたくなるようなものでいっぱいのお店です。

La Marquisane
168, Avenue Victor Hugo
75016 Paris
Tel : 01 45 53 97 66

open: 10h00~19h30 (火~土)
　　　14h00~15h00 (休み)
　　　14h30~19h30 (月)

métro: 9
Rue de la Pompe

map 27

CHOCOLATIER

Roy ロワ

16区ならではのチョコはシックな味わい

"Tête Brûlée" Caramel liquide La Boîte : 44,-€

"Tête Brûlée" Caramel liquide La Boîte : 29,-€

"Tête Brûlée" Caramel liquide La Boîte : 19,-€

Tête brûlée
ローストしたキャラメルが入ったテット・ブリュレは9個入り。9ユーロ。

Recommendations!
おすすめ

Carrés aux Noisettes Caramélisé
ホワイト、ミルク、ブラックチョコレート3種詰め合わせもおすすめ。小19ユーロ。

Bonbons de Chocolats
ボンボン・ド・ショコラ詰め合わせは18ユーロ〜。

Ganache Noir
濃厚な甘みのブラックガナッシュ。

Ganache au Lait
ふんわりとろけるミルクガナッシュ。

Gianduja
アーモンドとミルクチョコレートたっぷりのジャンデューヤ。

数あるチョコレートのなかでも一番のおすすめは、Tête brûlée(テット・ブリュレ)。ふつうのトリュフのように見えて、中にはローストしたキャラメルが入っています。直訳すると「燃えた頭」ですが、これは、「無鉄砲な人」という意味でもあるんです。こんなユーモアのあるネーミングが、パリらしくて気に入っています。家族経営なので、お店はここ一軒だけ。足を運ぶ価値のあるチョコレート屋さんです。

職人さんがひとつひとつ手作りするというチョコレート。テット・ブリュレのようにとろりとしたキャラメルが入っているチョコレートはこの店だけ。まさにロワ(roi = 王様)にふさわしい逸品です。

トロカデロに近い16区はシックな界隈。ルルーご夫婦(写真右)が経営するあたたかみのあるショコラティエとして地元の人に親しまれています。店内に一歩足を踏み入れると、満ち溢れるカカオの香りで幸せな気分になります。

Roy
27, rue de Longchamp
75116 Paris
Tel : 01 47 27 34 36
open: :9h30〜20h00 (月〜土)

métro: 6,9

Trocadéro/
Iéna

プロに聞くおみやげ

chef
Jean-François Piège
ジャンフランソワ・ピエージュ

注目度No.1の若手シェフがすすめる
パリのグルメ食材

profil
1970年ドローム地方ヴァランス生まれ。シャトー・レザ、モナコのルイXVなどで修業を積み、その後、パリ16区レイモン・ポワンカレ通りのレストラン「アラン・デュカス」、プラザ・アテネのシェフを経て2004年2月にホテル・クリヨンのダイニング、「レ・ザンバサドゥール」の総料理長に就任。

Restaurant
Les Ambassadeurs (Hôtel de Crillon)
レ・ザンバサドゥール （オテル・ド・クリヨン）

map 29

フランスで一番期待の若手シェフ、ジャンフランソワ・ピエージュ。私が大好きなのは彼の料理だけでなく、その人柄も含めてです。まじめで優しい気質が、料理、ダイニングの雰囲気、サービスすべてに反映されています。2003年にパリのパラス・ホテル、クリヨンの総料理長に就任してから、めきめきとその才能を発揮して、料理の幅を広げています。ブレス産鶏のヴェシー（膀胱）包み料理にあっさりした野菜のスシ仕立てを添えたり、クラシックなデザート、ヴァシュランを大胆に再構築したりと、フランスの伝統を独自のコンセプトでモダンに蘇らせる手腕は見事。2007年のミシュランでの評価は二つ星のままでしたが、来年三つ星の呼び声高い「期待の星」。次のステップに向かって邁進している彼を私も心から応援しています。

Les Ambassadeurs
(Hôtel de Crillon)
10, place de la Concorde
75008 Paris
Tel : 01 44 71 16 16
Open: 12h00~14h00,
　　　19h30~22h00
定休日：無休

métro: 1.8.12

Concorde

ヴァシュランのバリエーション、ガリゲットいちご／バジリコ風味（上）は、壊すのがもったいないくらい美しいデザート。下はスシに見立てた野菜の付け合わせ、袋の中にはブレス産鶏に、トリュフの香り高いブイヨン。

プロに聞くおみやげ

Jean-François Piège

Jean-François Piège のおすすめ

CAVE
Lavinia ラヴィニア

map 30

フランスワインだけでも3000種をそろえるマドレーヌのワインカーヴ

1500平米に及ぶスペースに世界中のワインが6000種ならぶ、新しいコンセプトのワインショップ。なかでもおすすめは、ビオ（無農薬）ワイン。セルフサービスなので気兼ねなく自分の好きなワインを物色できます。気になるワインを見つけたら、お店と同価格で、2階のワインバーにて食事と一緒に楽しむことができるのも魅力です。

St Romain 2005
ビオワインでおすすめはブルゴーニュのサン・ロマン2005年もの。30.65ユーロ。

Meursault 2004
白のイチオシはムルソーの2004年。50ユーロ。

Vins Fragiles
珍しいボトルを集めたコーナーから、5本をセレクション。

ジャンフランソワさんがこだわるのは、ラヴィニアのコンセプト。国が定めるAOC認定外のマチエール（素材）を使っているためにテーブルワインに格下げされているワインながら、非常に質のいいものを集めているマニアックなコーナーなどほかの店にないセレクションに惹かれます。

店内は開放的で、国、地方ごとにわかりやすく陳列されています。ソムリエのおすすめ、ビオワインなど特に注目度の高いボトルには、＜おすすめ＞ラベルがかかっているので、それを手がかりに自分の好きなワインを見つけてください。

Lavinia
3, bd de
la Madeleine
75001 Paris
Tel : 01 42 97 20 20
open: 10h00～20h30（月～金）
9h00～20h00（土）

métro:
8,12,14

Madeleine

Jean-François Piège のおすすめ

PRODUITS GASTRONOMIQUES
Maison de la Truffe
メゾン・ド・ラ・トリュフ map 31

食べるダイアモンド、フランス最高級食材トリュフならここで

クリヨンの総料理長のおめがねにかなう品質の食材がそろいます。トリュフそのものもおすすめですが、手軽なトリュフ入りバターやトリュフ風味のオリーブオイルもどうぞ。バターは、パスタにからめるだけでいつもとちがう高級感漂う一品になりますし、オイルは少量でもサラダやポテト料理に味の深みを加えてくれます。

Beurre à la truffe d'été

夏トリュフ入りバター 18ユーロ。パンにぬって、フランスを感じてください。

Truffe entière

瓶詰のトリュフは数年保存が利きますが、開封後は4〜5日で使いきること。削っていない丸ごとトリュフは50グラム入りで183ユーロ。

Huile Truffée

トリュフの香りのオリーブオイル 29.5ユーロ。

家庭で使うには少し難しい食材と思われるかもしれませんが、実はオムレツなど卵料理にぴったり。溶きほぐした卵に塩こしょうをして、そこに薄切りまたは細かくしたトリュフをいれておくだけでOK。数時間ねかせて、香りがついたころに調理します。少し贅沢な卵料理にトライしてみませんか。

フォションやエディアールなど高級食材店がならぶ、マドレーヌ広場に位置しています。店内は入って右側がブティック、左側はトリュフ専門のレストランなので、まずはここで味わって、自分なりの料理法を考えてもいいかもしれません。

Maison de la Truffe
19, place de la Madeleine
75008 Paris
Tel : 01 42 65 53 22
open: 9h30〜20h30 (月〜土)

métro:
8,12,14

Madeleine

食材
Produits Salés

奥が深いフランス料理を知るための近道は食材を発掘すること。ラタトゥーユやアンショワイヤード（アンチョビペースト）には南仏を、フォアグラやトリュフには南西地方、唐辛子にはバスク地方、と食材だけで地方の旅ができてしまうのも魅力的。食材の豊かなフランスならではの地方名産もパリで見つかります。

Gelée de Piment d'Espelette
（エスペレット産唐辛子風味のジュレ）
バスク地方エスペレットの名産唐辛子。粉末は、塩こしょうの代わりに使われる。ジュレは、コールドビーフや鴨の肉、また、羊乳のチーズなどに添えると、絶妙な組み合わせに。

Caviar d'aubergine
（茄子のキャビア）
茄子をオーブンで焼いたものを、刻んだタマネギと一緒にたたいて作ったペースト。オリーブオイルで和えてある。そのままトーストに塗っても、オムレツなどに添えてもおいしい。

Rillette
（リエット）
豚肉や羊、家禽の肉を柔らかく煮てからほぐして作ったもの。写真のものは鴨。魚のリエットもある。似たものに、パテとテリーヌがあるが、前者はペースト状のものを指し、後者はテリーヌ型（長方形で深さがあるもの）に入れ蒸し煮にしたもののことを呼ぶ。

Aïoli

(アイヨリ)
すりおろしたにんにくをたっぷりと加えた南仏生まれのマヨネーズソース。煮込んだ野菜や茹でた白身の魚、ムール貝、肉など、さまざまな料理のソースとして重宝する。

Rouille

(ルイユ)
スープ・ド・ポワソン（魚のスープ）に欠かせない、唐辛子とサフラン、にんにく入りのマヨネーズソース。グリルしたパンにルイユを塗り、刻みチーズをのせたものを、スープに浮かべて食べる。

Anchoïade

(アンショワイヤード)
アンチョビをペーストにしたものに、にんにくとオリーブオイルを加えた南仏のスペシャリテ。トーストに塗ったり、サラダに混ぜたりする。

Moutarde Violette

(紫色のマスタード)
ぶどうジュースを加えて作ったマスタード。甘酸っぱさと辛味のバランスが絶妙で、ポトフや、ブルゴーニュ風のミートフォンデュ（肉を揚げて、あつあつをソースにつけて食べる）に合う。

Airelles

(クランベリー)
クランベリーの甘酸っぱいマリネ。赤身の肉やジビエなどに添えて食べるのが伝統的。またデザートではりんごベースのタルトやコンポートに加えられる。

フランスを代表する食べ物

Produits Salés

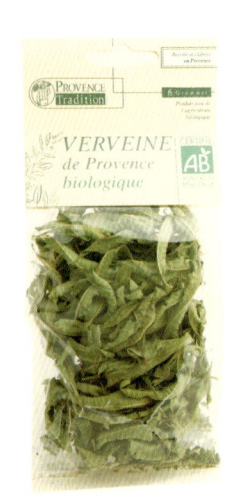

Verveine
(ヴェルヴェーヌ／クマツヅラ)
ハーブの一種。消化を助け、疲労を回復させる効用がある。昔は薬として飲まれていたリキュールに使われていたことでも知られる。レモンに似た柑橘系のフレッシュな香りが特徴的。

Tilleul
(菩提樹)
ハーブの一種。葉と花を楽しめる。ヴェルヴェーヌやカモミールと同様、消化を助け、リラックス作用も。ほのかに甘く爽やかな繊細な味わいで、ほかのハーブとブレンドしてもよい。

Tapenade
(タプナード)
オリーブの実をつぶしてオリーブオイルでのばしたペースト。ケイパー、アンチョビ、にんにくなど入れるのがポピュラー。フレッシュトマトなどのサラダのソースに、また、サンドイッチのベースとしても楽しめる。

Fleur de Sel
（フルール・ド・セル）
塩田の表層に最初に結晶を始める わずかな塩が、塩の花とよばれる フルール・ド・セル。全体の約1% しか採れない。料理の旨味を引き 出すミネラル分が豊富で、卓上塩 に欠かせない。

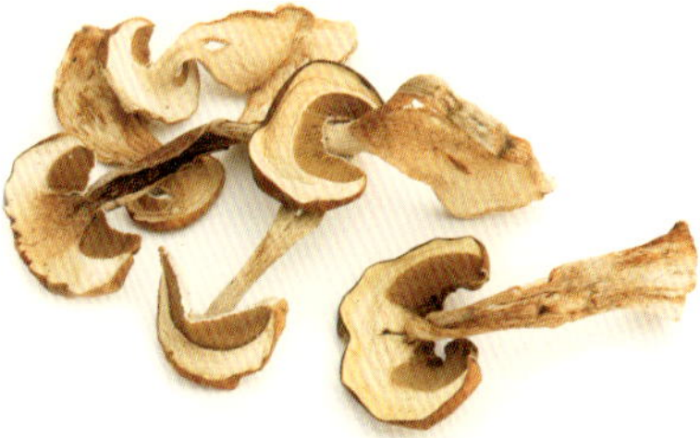

Cèpes Secs
（乾燥きのこ）
乾燥させた野生のきのこは、フレッ シュなものより味わいが濃縮して香 り高い。水で戻してから使う。セッ プ茸のほか、モリーユ、ジロル、黒 ラッパ茸、アンズ茸など。

Lentilles
（レンズ豆）
コンタクトレンズのような形をした 小さな豆。ちなみにコンタクトレン ズのこともランティーユと呼ぶ。鉄 分たっぷりの滋味ある味わいで、煮 込んだ豆を、ソーセージなどに合わ せて食べる。

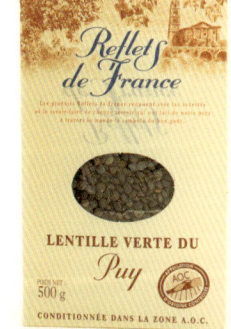

3e, 4e, Bastille / Le Marais
バスティーユ
マレ地区周辺

map 32　EPICIER
Izraël イズラエル
世界中の珍しいスパイスがよりどりみどり

Les Fruits Confits　カラフルでかわいらしいグラム売りのフルーツコンフィ（果物の砂糖漬け）。

なによりも、そのスパイスの豊富さが圧倒的です。ステラマリスの子牛頭料理で使うトルチュソース用のスパイスをここで購入しているのですが、専門的な料理用スパイス以外にも、実は色鮮やかなフルーツコンフィがおいしいのです。ほかにおすすめは、かわいらしい缶のボンボン。ところ狭しとならぶスパイスや穀類が、まるでモロッコの街に迷い込んだかのよう。大のお気に入りです。

トルコの赤いレンズ豆や、黒米、胚芽米など、すべてはかり売りで買えます。

Recommandations!
おすすめ

Les Bonbons
レトロな缶入りのボンボン。食べきったあとの缶の使い道を考えるのも楽しい。2.5 ユーロ〜。

Les Apéritifs
アペリティフ用のナッツ類やおせんべいもあります。

Les Petites Entrées
緑・黒オリーブにハーブ、ピーマンのフェタチーズ詰めなど、地中海の「お漬物」がそろっています。

フルーツコンフィは目もちするので、おみやげには最適です。食後のコーヒーに添えたり、アイスクリームに少しだけのせたりすれば、カラフルでおいしいアクセントにもなります。

マレ地区で 70 年続く、世界中のスパイスを集めたお店です。店内には隙間もないほど、スパイスや穀類などエスニックな食材でいっぱい。アリババの洞窟のようなお店をのぞいてみてください。

Izraël
30, rue François-Miron 75004 Paris
Tel : 01 42 72 66 23
open: 9h30〜13h00,
　　　14h00〜19h00 (火〜土)
定休日 : 日曜、月曜

métro: 1
St-Paul

map 33

BOULANGERIE
Au Levain du Marais オ・ルヴァン・デュ・マレ

今、ぞっこんのメレンゲ菓子がここにあります

Au Levain du Maris
もちもちの食感がたまらないバゲットやクロワッサン、パン・オ・ショコラの香ばしさでいっぱい。

Recommandations!
おすすめ

Gâteau à la meringue
一番のおすすめのメレンゲ菓子。アーモンドの薄切りが混ぜ込んであるのが特徴。

食後のコーヒーとともにいただくのが私は大好きです。いちごの季節なら、このメレンゲ菓子をくずし、雪のようにまぶした上に、ミルクをかけてもおいしくいただけます。

マレで一番おいしいパン屋です。弾力にとんだバゲットはもちろんのこと、私が今夢中なのは、メレンゲ菓子！ パン屋さんならどこにでもあるなにげないお菓子なのですが、ここのメレンゲ菓子は特別です。クロワッサンやブリオッシュなどの、ヴィエノワーズリーと呼ばれるバターや卵をたっぷり使ったパンも、ぜひおためしください。ミルフィーユや色鮮やかなマカロンもおすすめです。

Pâtisserie
新鮮なフルーツたっぷりのタルト菓子もよりどりみどり。
ミルフィーユは3ユーロ、タルトなどは2.6ユーロ〜。

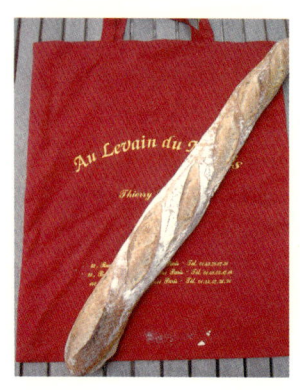

Baguette
カリッと香ばしいバゲット（1.45ユーロ）は、やみつきになる味です。オリジナルのバッグ（7.70ユーロ）もかわいい。

現在はこのマレ店以外にも2店舗がパリにある大人気のパン屋さんです。
パン生地とお菓子の生地の両方でしっかりした味を作ることができる腕のよさにほれ込んでいます。

Au Levain du Marais
32, rue de Turenne
75003 Paris
Tel : 01 42 78 07 31
open: 7h00~20h00 （火〜土）
定休日：日曜、月曜

métro: 8
Chemin Vert

12e, Aligre

アリーグル周辺

アリーグル市場

おいしいものに目がない、食いしん坊のパリジャンたちが集まる

Marché d'Aligre

普通のパリジャンたちが毎日何を食べているのか知りたかったら、ここ12区のアリーグル市場へ！屋内常設市場を中心に、日々の食材がたっぷりそろいます。さすが食の宝庫パリと思わせる品揃え。オリーブのはかり売り、チーズ、パンなどこだわりの"安くておいしいもの"ばかりが集められているところがあなどれない、アリーグル市場です。

map 34

métro: 8
Ledru-Rollin

Marché d'Aligre
Place d'Aligre
open: 土曜、日曜

Viennoise D'aligr
PATISSERIE
PIZZA
ALIMENTATION GENERALE
ALE
BEN

map 35

EPICIER

Sur les Quais シュール・レ・ケ

はかり売りで買える香り高いオリーブオイル

Epices Africaines
オリジナルのカラフルな
アフリカン・スパイス。2.5ユーロ。

Recommandations!
おすすめ

はかり売りのオリーブオイル瓶は、2度目からは、オリーブオイルのみの料金になります。大・中・小の3種。小瓶からためしてみてはいかがでしょう。

Olives Fraîches
フレッシュオリーブもおすすめです。アペリティフに最適。

Huile d'olive Abrezzes
はかり売りは小瓶で、7ユーロから。

この店で私がおすすめするのは、なんといってもはかり売りのオリーブオイルです。フランスをはじめ、ギリシャやアルジェリア、ポルトガルなどのオリーブオイルをかわいらしい瓶にいれてくれます。特に、フランスのプロヴァンス地方やイタリアのトスカーナ地方のものは絶品。オリジナルのスパイス類やホワイトバルサミコなどお料理のレパートリーが増えそうな品々でいっぱいです。

Quatre Epices
料理に合わせて4種のスパイスが詰め合わせになったスパイスセット 12・5ユーロ

味にこだわった結果、はかり売りに行きついたというオーナーのヴォートランさん（写真右）。質だけでなく、パッケージにもこだわりある品々を取り揃えています。思わず手に取りたくなるものばかり。

Sur les Quais
Marche Couvert Beauvau
place d'Aligle 75012 Paris
Tel : 01 43 43 21 09
open: 9h30〜13h00,
16h30〜19h30 （火〜土）
9h30〜13h00 （日）

métro: 8
Ledru-Rollin

FROMAGERIE
Libert リベール

最高の熟成度を誇るチーズが楽しめる

チーズは熟成でおいしさが格段に違います。この店のチーズはパリでも1、2を争うといってもいいほどの良質の熟成度。120種もの自慢のチーズのほか、オリジナル・セレクションのチーズに合うりんごのコンフィや白ワインのポワール・ウィリアムもおすすめです。長旅にもたえられるよう真空パックにしてくれるので、チーズのお好きな方はこだわりの熟成チーズをぜひおみやげにしてくださいね。

チーズはフランスをはじめ、ベルギー、イタリア、スイス、イギリス、スペインからセレクション。郊外にあるチーズ蔵で熟成させてからお店に並べます。

Recommandations!
おすすめ

Langres au marc de champagne
香りのいいシャンパンで熟成させた牛乳のチーズ。1ピース：5.95ユーロ。

Pavé de niort deux-sevres
フランス西部、ニオール産のチーズ。1ピース：6.95ユーロ。

Perail Brebis
食べやすい羊の乳チーズは1ピースで5.05ユーロ。

Abbaye de tamie
サヴォア地方のチーズは優しいくちどけで癖になる。24ユーロ／kg。

原料の乳や製法によりチーズといってもさまざまな種類があります。自分の好みを伝えて、店主のジェロームさんにぴったりな一品を選んでもらいましょう。味見をしながら選べるので、ほんとうに自分の好きなものが見つかります。

野菜の常設市場の商店街に並ぶ、チーズ屋さん。一歩店内にはいると、チーズの香りでいっぱい！ チーズ好きの方もそうでない方もジェロームさん（写真右）の熟成チーズをぜひ一度味わってください。

Libert
15, rue d'Aligre 75012 Paris
Tel : 01 43 41 12 16

open: 9h00〜13h00,
 16h00〜19h30 (火〜土)
 9h00〜13h30 (日)
定休日：日曜午後、月曜

métro : 1,8

Reuilly Diderot

EPICIER
La Graineterie du Marché ラ・グラントリー・デュ・マルシェ

少量から買える珍しい食料の宝庫

Recommandations!
おすすめ

Risotto "tout prêt"
オリジナルブレンドのリゾットセット。8.5ユーロ。

ここでの一番のおすすめの品は、オーナーが独自に開発したリゾットセット。すべての材料が袋詰めになっているので、リゾット初心者には心強い見方。

Les Epices
レトロな容器がほっとするかわいらしさ。少しずついろいろためしてみたいスパイス類。

アリーグル市場の広場で見つけたお店。昔ながらの何でも屋さんのようなたたずまいに惹かれて入ってみました。ハーブのヴェルヴェーヌ（クマツヅラ）、ハイビスカス、クスクスの粉、スパイスなど、すべてはかり売りで買えるところが気に入っています。少量からでもOKですので、オーナーお手製の食用のバラの花びらなど、ここでしか見つからない珍しいものをおみやげにどうぞ。

Les Graines
上質の豆や穀類。クスクスも珍しいおみやげになりそう。

初代オーナーがはじめた50年代後半の内装がそのまま残っているので、どこかノスタルジックな店内です。店頭にならぶハーブ類はオーナーのジョゼ・フェレさん（写真右）が自ら栽培したもの。手作りのぬくもりいっぱいのお店です。

La Graineterie du Marché
8 place d'Aligre 75012 Paris
Tel : 01 43 43 22 64　　　　　métro: 1,8
open: 9h00～13h00,
　　　16h30～19h30（火～日）
定休日：月曜

Reuilly Diderot

プロに聞くおみやげ

chef
Denis Fetisson
ドゥニ・フェティッソン

profil
サン・トロペ近郊のトゥール出身。地元のレストラン、レ・シェーヌ・ヴェールで料理の修業をはじめ、カンヌのベル・オテロやモナコのルイ XV、ロンドンのレストラン・ニコや、南仏ムーラン・ド・ムージャンなど数々の名店で経験をつんだ若手のホープです。オテル・ダニエルのオープンとともにシェフに任命されました。

Restaurant
Le Restaurant de l'Hôtel Daniel
ル・レストラン・ド
ロテル・ダニエル

南仏出身のシェフがこだわる
つみたてのオリーブの味

map 38

シャンゼリゼ通りの賑やかさとはうって変わって落ち着いた静けさが漂うオテル・ダニエルは私の憩いの場です。26室のみのこぢんまりした上質なホテルにあるダイニングは、若手シェフ、ドゥニ・フェティッソンさんがとりしきります。柑橘類のパウダーで味付けしたラングスティーヌやプロヴァンス地方ペルチュイのアスパラガスなど、南フランス出身だけあって、マルシェの野菜の味を的確に取り入れたフレッシュでふんだんな太陽の光を感じさせる料理がとても気に入っています。食材へのこだわりは人一倍で、郷土の業者と直接やりとりして、自身が納得する味を追求しています。ドゥニさんのような若手の熱意がこれからのフランス料理を切り拓いていく、そんな期待をさせるレストランです。

Le Restaurant
de l'Hôtel Daniel
8, rue Frédéric-Bastiat
75008 Paris
Tel : 01 42 56 17 00
open: ランチ&ディナー
(月〜金)
時間はお問い合わせください。

métro: 9
St-Philippe du Roule

プラリネにタンザニア産の甘く優しいくちどけのチョコレートをたっぷりかけ、
木いちごなどの季節のフルーツで飾ったドゥニさんの特製デザート。

Photo:kiyoshi tsuzuki

プロに聞くおみやげ

Denis Fetisson

白アスパラガスは、南仏プロヴァンスのペルチュイから直送。
モリーユ茸にトマトのコンフィをサバイヨン仕立てにしたソースが軽妙なアクセントに。

ロンドンのインテリアデザイナー、ターファ・サラムが内装を手がけるフェミニンでおちついた空間。

Denis Fetisson のおすすめ

パンにつけて食べると、若い緑色のオリーブの香りが口の中にひろがります。さまざまなオリーブオイルをためしましたが、ドゥニさんがすすめるオリーブオイルほど芳醇でフルーティなものを味わったことがありません。仕上げにほんの少し加えるだけで、料理のクオリティに輝きを与えます。

A.O.C Huile d'Olive d'Aix -en- Provence

エクス・アン・プロヴァンスの製造元と直接やりとりをして作ったドゥニさん仕様のオリーブオイル。おいしさの秘訣は「収穫後は24時間ノンストップで作業をすること」。つんだオリーブそのままの味を封じ込めることができるのだそう。ホテルでも購入できます。小瓶(25cl)6.5ユーロ。大瓶(50cl)11ユーロ

朝食そしてティータイムと、くつろぎの時間にかかせないサロンはお気に入りの場所です。

気になるハーブ屋さん

★ map 39　HERBORISTE
Herboristerie du Palais Royal
エルボリストリ・デュ・パレ・ロワイヤル

プロのハーブ師によるここだけのブレンドに出会える

Verveine de Corse
コルシカ産のヴェルヴェーヌ。消化促進効果があります。

Boutons de Rose
バラのつぼみのハーブティは血行をよくします。10分程度蒸らしてからいただきます。

クオリティに定評のあるエルボリストリ。ステラマリスをふくめ、パリでは150軒ものレストランが、食後のハーブティとしてこの商品を使用しています。オーナーのピエールさんオリジナルの7種のハーブを配合した"グラン・レストラン"やコルシカ島のヴェルヴェーヌ（クマツヅラ）、そして見ているだけでもうっとりするようなバラのつぼみのハーブティを長年愛用しています。

美しいピンク色のバラのつぼみのハーブティは血のめぐりをよくするだけでなく、消化を助ける効果もあります。また、この店のヴェルヴェーヌは消化促進力抜群です。胃が正常に働くようになるため、食べすぎの時におすすめです。

創業135年の老舗ハーブ店です。オーナーのミシェル・ピエールさんは、35年間にわたりハーブ師として顧客の相談に応じてハーブを調合してきました。ハーブにこだわりを持つパリジャンたち愛用の店です。

**Herboristerie
du Palais Royal**

11 rue des Petits-Champs
75001 Paris
Tel : 01 42 97 54 68
open : 10h00~19h00（月~土）

métro : 1,7
Palais Royal
-Musée du
Louvre

気になるハーブ屋さん

★ map 40 HERBORISTE
Herboristerie d'Hippocrate
エルボリストリ・ディポクラト

「漢方」のように調合してもらう本格派ハーブ

San Souci
カレンデュラベースの"サンスーシ"は肌をやわらかくする美肌効果あり。15 ユーロ。

Dépuratif
肝臓をきれいにする新陳代謝促進の"デピュラティブ"。14 ユーロ。

Somnifere
不眠解消に効果的な"ソムニフェール"。14 ユーロ。

フランスでは日本での漢方と同じような扱いでハーブが普及しています。ハーブティーとして飲むだけでなく、植物から抽出したオイルやエキスで、コップの水に少量いれて服用するタイプなどもあります。おすすめは新陳代謝をよくし、肌を美しくする「カレンデュラ」や精神が癒される「ラヴェンダー」。お茶をいれる余裕がない時でも、抽出液があれば、簡単にリラックスタイムを作れます。

「カレンデュラ」のお花は、ハーブティーとしてだけでなく、サラダなどにちょっと入れても新鮮なテイストを取り入れることができます。黄色い小さなお花がかわいらしくて、美肌を作る上、料理のワンポイントにもなります。鎮静作用のあるラヴェンダー（上）は、ゆっくりと煎じれば身体の奥から安らぎます。

この店は、1880年から続く医療ハーブ屋さんのサンジェルマン店（本店はパリ右岸クリシー地区）で、900種の医療用ハーブを取り扱っています。「小さなお店ですが、ひっきりなしにハーブの相談に訪れるお客で賑わっています」と店主のニコール・サバルデイルさん。

Herboristerie d'Hippocrate
42, rue St-André
des-Arts 75006 Paris
Tel : 01 40 51 87 03
open: 11h00〜13h30,
14h00〜19h30 (月〜土)

métro: 4, 10
St Michel / Odéon

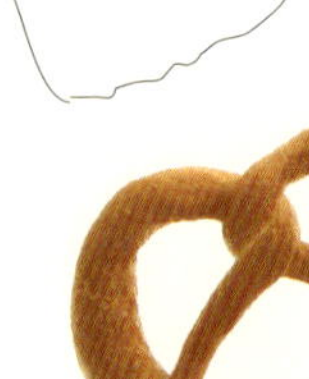
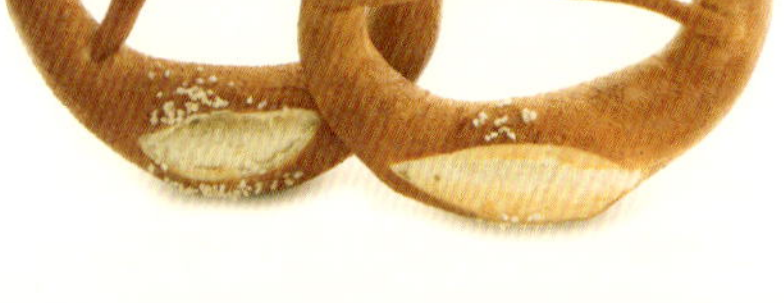

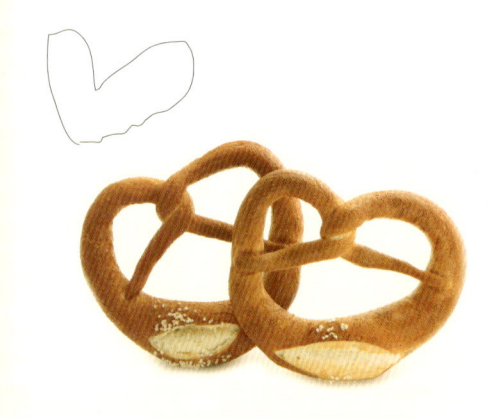

Supermarchés
グルメなスーパーマーケット

スーパーマーケット

Supermarché ラ・グランデピスリー・ド・パリ
La Grande Epicerie de Paris

map 41

世界各国の良質食材が豊富にそろう、セーヌ左岸ル・ボン・マルシェ、ラ・グランデピスリー・ド・パリ。
クッキー類やマカロンなど、おしゃれでかわいいお菓子なら、ここに勝るところはありません。
おいしいものを眺めながら、天井の高い広々とした店内を歩くだけで、時のたつのも忘れてしまいます。

La Grande Epicerie
de Paris
38, rue de Sèvres 75007 Paris
Open:8 :30-21 :00 (月〜土)

métro: 10,12

Sèvres-Babylone

Petits-beurre de Lorient
ブルターニュ地方、ロリアン名物の
クッキーは、バターたっぷりで昔な
がらの味わい。4.45 ユーロ

Oboles de Lucerne
薄い塩味のクッキー。アンチョビ
ペーストと合わせて出せば、簡単な
アペリティフに。4.34 ユーロ

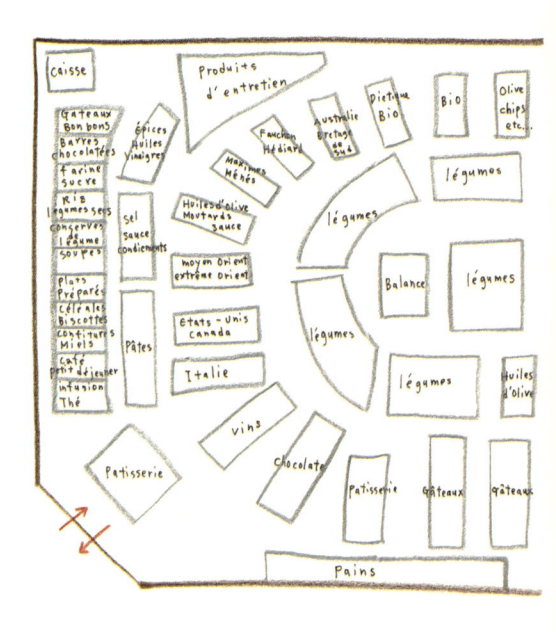

Sablés de la Petite Billardière Pur Beurre
純バターがふんだんに使われている
ので濃厚な味です。さくさくとした
食感も心地よい。6.4 ユーロ

118

Confiture Extra
<Amour en Cage>
チャツネを彷彿させるこのジャムはお肉料理の隠し味に。4.93 ユーロ。

Noix et Miel
du Mont Aigoual
くるみのはちみつ漬けは、サラダなどに合わせても美味。5.35 ユーロ。

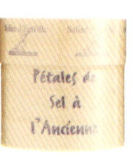

Pétales de sel
à l'ancienne
昔ながらの製法でつくられたフレーク状のお塩。6.85 ユーロ。

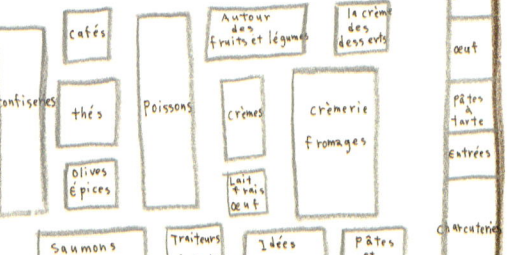

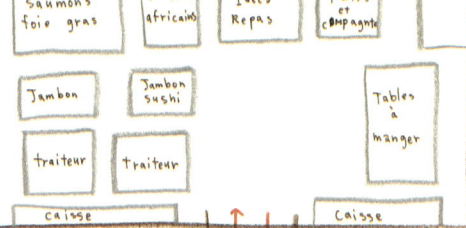

Macaron Framboise
素朴なサブレのような食感のマカロン。しっとりした生地がなつかしい感覚です。4.05 ユーロ

Croquants de Cordes
aux éclats d'Amandes
香ばしいアーモンドの香りと軽い食感で、コーヒーによく合うお菓子です。4.65 ユーロ。

Bretzels
香ばしく噛みごたえのあるプレッツェルは、小麦のほんとうのおいしさがわかります。3.2 ユーロ。

Anchoïade
お酒と相性のいいアンチョビペースト。味のアクセントとして料理にも使いやすいです。3.28 ユーロ。

Nonnettes au Miel
et au Cassis
はちみつとカシス風味を加えたパン・デピス（スパイスケーキ）は、ミルクと一緒に。3.91 ユーロ。

スーパーマーケット

Supermarché ラファイエット・グルメ
Lafayette Gourmet map 42

ビオ（無農薬）、スパイス、塩類のコーナーの充実度が抜群に高いのがラファイエット・グルメです。イベリコハムやジロデなどグルメブランドの軽食コーナーも魅力です。大好きなお菓子コーナーは、味もさることながら、瓶や缶のパッケージなどに高級感があり、夢中になるものばかりです。

Lafayette Gourmet
40 bd Haussmann 75009 Paris
Open: 9:30～19:30（月〜水・金・土）
　　　9:30～21:00（木）

métro: 3,9

Havre-Caumartin

Mini Poires rafraîchies à l'Eau de Vie de Poire
オー・ド・ヴィに漬け込んだ洋なしは、デザートとしてよりもあっさりした肉料理に。3.45ユーロ。

Clémentines rafraîchies à la Vodka
ウォッカ漬けのクレモンティーヌ（みかん）は、柑橘系のシャーベットと合わせて。3.45ユーロ。

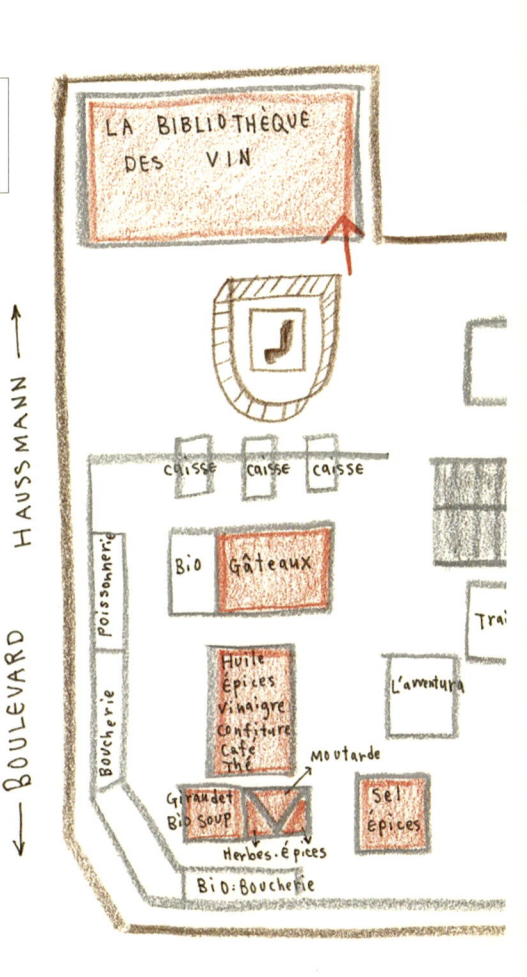

Matin des Pyrenees Confiture Fraise-Fraises des Bois
いちごと木いちごをブレンドしたジャムは、いちごの甘さと木いちごの酸味が絶妙です。3.19 ユーロ。

Confiture de Poire/Très fruit
果肉65パーセントの洋なしのジャム。3.49 ユーロ。

Caffarel
カファレルのジャンデューヤ（ヘーゼルナッツ＆チョコ）。14.95 ユーロ。

Amarena Fabbri
瓶がかわいいイタリア製さくらんぼのシロップ漬け。10.37 ユーロ。

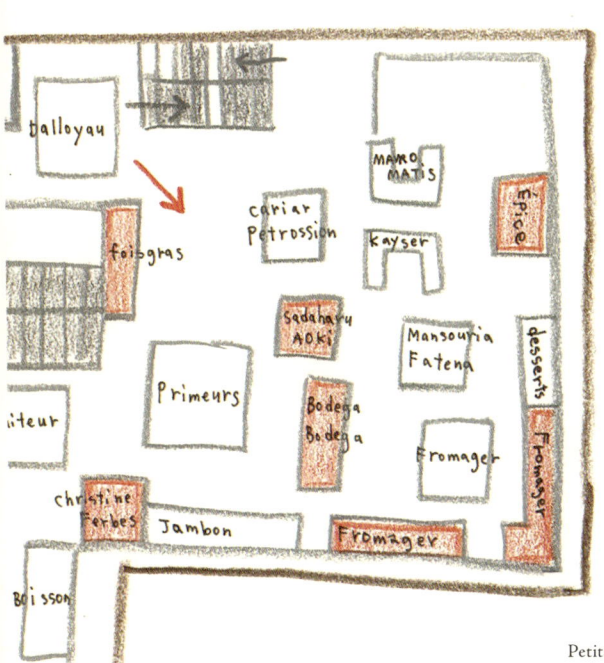

Mini Crocq
ひとくちサイズのサラミは、軽めの赤ワインがよく合います。10.20 ユーロ。

Petits Sablés
フランスにあるこの手のサブレ類の味はまちがいありません。秘訣はバター。3 ユーロ。

121

スーパーマーケット

Supermarché モノプリ
Monoprix

map 43

日常的なものから、ちょっとだけグルメなものまで、普段着の食材がずらりとならぶのが
フランスで一番多いスーパー、モノプリです。ここで注目すべきは、フランス人ならみんなが好きな食材。
ヌテラ（チョコレートクリーム）をはじめ、エレファントブランドのお茶類、塩、チーズなど、
フランス人の食生活はここが原点かもしれません。

Monoprix
25, Avenue des Ternes
75017 Paris ほか
Open: 9h00~22h00 （月～土）

métro: 2
Ternes

Nutella
イタリア生まれのヘーゼルナッツチョコスプレッド、ヌテラ。2.31 ユーロ

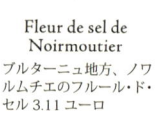

Fleur de sel de Noirmoutier
ブルターニュ地方、ノワルムチエのフルール・ド・セル 3.11 ユーロ

Morilles Champignons Secs
モリーユ（アミガサ茸）はクリームとの相性抜群。12.3 ユーロ

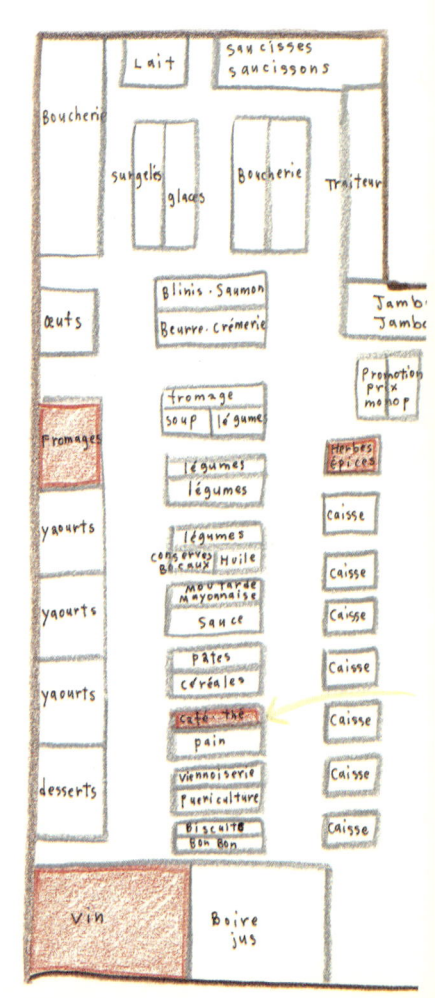

La Moutarde au Poivre Vert
緑こしょうのマスタードは、ぴりりとした辛味が特徴。

La Moutarde au Pain d'Epices de Dijon et au Miel
パン・デピスとハチミツを加えたマスタード。

La Moutarde au Cassis de Dijon
カシスの酸味がきいたディジョンマスタードです。

La Moutarde de Dijon
クラシックなディジョンのマスタード。以上、4種セットで4.99ユーロ。

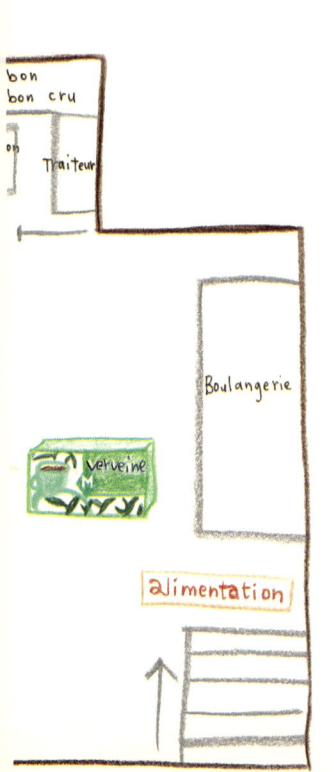

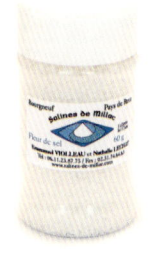

-Saline de millac- Fleur de sel nature
港町ナントに近い町で作られるフルール・ド・セル。

-Saline de millac- Fleur de sel au curry
フルール・ド・セル、カレー風味。この写真の3種類セットで10.20ユーロ

-Saline de millac- Fleur de sel aux épices
スパイスをきかせたフルール・ド・セルのほか、全部で8種ある。

La Terrine de Canard à l'Orange
フォアグラで有名なコンテス・デュ・バリーの鴨のテリーヌのオレンジ風味。

La Terrine de Porc à la Ciboulette
あさつき入りのポークのテリーヌは、シンプルなテイストです。

La Terrine de Canard au Poivre Vert
緑こしょうの鴨のテリーヌ。これら缶詰はほかの4種の味を含む7個セットで12.2ユーロ。

暮らすように
パリを楽しむ

そんな夢を叶えてくれるのが滞在型アパルトマン。
リネン類、キッチン用品など生活に必要なものがそろっているので
到着した日からパリジェンヌ気分に浸れます。

観光客はもう卒業。今度はパリの住人になってみたい！

左岸好きな人におすすめエリアは、カルチェラタン。メトロ10号線のモベール・ミューチュアリテ駅から徒歩2分ほどにある、ソルボンヌ大学を中心とした学生街のかわいいアパルトマン。駅がある広場には週末と水曜日マルシェが開かれるので、自分で買ってきた食材で料理をしてみましょう。

お惣菜屋さんで買ってきたパテやリエットなどをパンとワインで合わせれば簡単ディナーに。メインに肉を添えてちょっと贅沢も。

レシピ ｜ イラクサのスープ

にんにくとバターをいれて熱した平鍋でポロねぎ、玉ねぎ、セロリをいため、じゃがいもを加えて全体に火が通ったら、チキンブイヨンを注ぎ、ざく切りにしたイラクサをいれて1分半。すべてをミキサーにかけて濾し、牛乳と生クリームで自分の好みに調節。

ご近所探検

サンジェルマン通りの並木が美しいこの界隈。学生街なのでリーズナブルなカフェやレストランも多く、アパルトマンの隣にはアジアの食材を売るショップに併設してキム・リエンという人気のベトナム料理屋さんもあります。

凱旋門やエッフェル塔にも歩いて行ける!

右岸でおすすめのトロカデロのアパルトマン。メトロ6号線ボワシエール駅から徒歩5分ほどの閑静な住宅街にあります。キッチンが充実しているので、本格的な料理も可能。近くには素敵なお花屋さんやおいしいパン屋さん。花を飾ってパン屋さんのランチセットでくつろぎのブランチを。

料理教室体験レッスン

マダムのお宅で学ぶフランスの家庭料理の教室に参加。滞在中のアパルトマンは調味料もあるので、すぐ実践できるのが嬉しい。

レシピ | フォアグラのソテー

塩こしょうしたフォアグラに小麦粉をまぶし、熱したフライパンに油をひかず、弱火で2分程度ソテーし、表面に焼き色をつける。シャンピニオンは、にんにくとエシャロットのみじん切りと一緒にガチョウの脂でいため、最後にパセリを添える。

ご近所探検

「暮らす旅」を体験する

オペラ、サンジェルマン、マレなど人気のエリアにワンルームから3LDKまでいろいろなタイプの部屋がある。日本人コンシェルジュによる滞在サポートが受けられ、空港送迎や買い物、料理教室紹介なども別料金で頼めるので便利。日本語で予約可能。

「世界を暮らす旅／セジュール・ア・パリ」
プライベート・デスク
TEL 0120-822-585　paris@staffservice.ne.jp
http://www.ss-ei.com/paris/

Carnet d'adresses

■惣菜

● Rolle　ロール map/01
11 rue Pierre Demours 75017
Tel : 01 40 55 92 20
Open : 10:00-14:00
　　　　16:30-19:30（火〜土）
　　　　10:00-14:00（日）
Métro : Pereire

● Divay　ディヴェイ map/04
4, rue Bayen 75017
Tel : 01 43 80 16 97
Open : 8:00-19:00（火〜土）
　　　　8:00-13:00（日）
Métro : Ternes

● Daguerre Marée
　ダゲール・マレ map/07
4, rue Bayen 75017
Tel : 01 43 80 16 29
Open : 8:30-19:00（火〜土）
　　　　9:00-13:00（日）
Métro : Ternes

● Vignon
　ヴィニョン map/13
14, rue Marbeuf 75008
Tel : 01 47 20 24 26
Open : 8:45-20:00（月〜金）
　　　　9:00-19:30（土）
Métro : Franklin D.Roosevelt

● Giraudet ジロデ（クネル） map/20
16, rue Mabillon 75006
Tel : 01 43 25 53 00
Open : 14:30-19:30（月）
　　　　10:00-13:00
　　　　13:30-19:30（火〜土）
Métro : Mabillon

● Au Petit Sud Ouest
　オ・プティ・シュド・ウエスト ... map/22
46, Avenue de la Bourdonnais 75007
Tel : 01 45 55 59 59
Open : 9:30-0:00（月〜金）
Métro : Ecole Militaire

■パン

● Desgranges デグランジュ ... map/02
5, rue Pierre Demours 75017
Tel : 01 45 74 10 73
Open : 7:00-20:00（水休み）
Métro : Ternes

● Poilâne　ポワラーヌ map/19
8, rue du Cherche Midi 75006
Tel : 01 45 48 42 59
Open : 7:15-20:15（月〜土）
Métro : Sèvres-Babylone

● Au Levain du Marais map/33
　オ・ルヴァン・デュ・マレ
32, rue de Turenne 75003
Tel : 01 42 78 07 31
Open : 7:00-20:00（火〜土）
Métro : Chemin Vert

■お菓子

● La Petite Rose map/03
　ラ・プティット・ローズ
11, Boulevard de Courcelles 75008
Tel : 01 45 22 07 27
Open : 10:00-19:30（木〜火）
Métro : Villiers

● Publicis Drugstore map/12
　ピュブリシス・ドラッグストア
133, Avenue des Champs-Elysées 75008
Tel : 01 44 43 79 00
Open : 8:00-2:00（無休）
Métro : Charles de Gaulle Etoile

● Fouquet　フーケ map/14
22, rue François 1er 75008
Tel : 01 47 23 30 36
Open : 10:00-19:15（月〜土）
Métro : Franklin D.Roosevelt

● La Marquisane
　ラ・マルキザンヌ map/27
168, Avenue Victor Hugo 75016
Tel : 01 45 53 97 66
Open : 10:00-14:00
　　　　15:00-19:30（火〜土）
　　　　14:30-19:30（月）
Métro : Rue de la Pompe

● Momoka　桃花 map/18
5, rue Jean-Baptiste Pigalle 75009
Tel : 01 40 16 19 09
Open : ランチ＆ディナー（月〜金）
＊電話で予約が必要です。時間はお問い合わせください。
Métro : Trinité

■ワイン

● Les Grandes Caves map/05
　レ・グランド・カーヴ
9, rue Poncelet 75017

Tel : 01 43 80 40 37
Open : 15:00-19:30（月）9:30-19:30（火〜土）
　　　　9:30-13:30（日）
Métro : Ternes

● Caves Pétrissans map/08
　カーヴ・ペトリサン
30 bis, Av. Niel 75017
Tel : 01 42 27 52 03
Open : 12:00-20:00
　　　　（月〜金 祝日以外）
Métro : Ternes

● Lavinia　ラヴィニア map/30
3, Boulevard de la Madeleine 75001
Tel : 01 42 97 20 20
Open : 10:00-20:30（月〜金）
　　　　9:00-20:00（土）
Métro : Madeleine

■コーヒー・お茶

● Brûlerie des Ternes map/06
　ブリュルリー・デ・テルヌ
10, rue Poncelet 75017
Tel : 01 46 22 52 79
Open : 9:30-13:30
　　　　15:30-19:00（火〜土）
　　　　9:00-13:00（日）
Métro : Ternes

● L'Artisan de Saveurs map/21
　ラルティザン・ド・サヴール
72, rue du Cherche Midi 75006
Tel : 01 42 22 46 64
Open : 12:00-18:30（月、火、木、金）
　　　　12:00-19:00（土）
　　　　11:30-15:30（日、ブランチ）
Métro : Sèvres-Babylone

■レストラン

● Chez　L'Ami Jean
　シェ・ラミ・ジャン map/09
27, rue Malar 75007
Tel : 01 47 05 86 89
Open : 12:00-14:00
　　　　19:00-0:00（火〜土）
　　　　12:00-14:00（日）
Métro : La Tour-Maubourg

● Le Baratin ル・バラタン map/15
3, rue Jouye Rouve 75020
Tel : 01 43 49 39 70
Open : ランチ＆ディナー（火〜金）
　　　　ディナーのみ（土）
＊時間はお問い合わせください
Métro : Pyrénée

● Pierre Gagnaire ········· map/23
ピエール・ガニエール
6, rue Balzac 75008
Tel : 01 58 36 12 50
Open: ランチ&ディナー（月〜金）
　　　ディナーのみ（日）
＊時間はお問い合わせください
Métro : George V

● Les Ambassadeurs
　　(Hôtel de Crillon) ······ map/29
レ・ザンバサドール（オテル・ド・クリヨン）
10, Place de la Concorde 75008
Tel : 01 44 71 16 16
Open : 12:00-14:00
　　　　19:30-22:00（無休）
Métro : St-Philippe du Roule

● Le Restaurant de l'Hôtel Daniel
ル・レストラン・ド・ロテル・ダニエル ··· map/38
8, rue Frédéric-Bastiat 75008
Tel : 01 42 56 17 00
Open : ランチ&ディナー（月〜金）
＊時間はお問い合わせください
Métro : St-Philippe du Roule

■調味料 / 乾物

● Abert Ménès
アルベール・メネス　　map/10
41, bd. Malesherbes 75008
Tel : 01 42 66 95 63
www.albertmenes.fr
Open : 15:00-19:00（月）
　　　 10:30-14:00
　　　 15:00-19:00（火〜金）
Métro : St-Augustin

● Goumanyat グーマニア ··· map/24
3, rue Charles-François Dupuis 75003
Tel : 01 44 78 96 74
Open : 14:00-19:00（火〜金）
　　　 11:00-19:00（土）
Métro : Temple

● Maison de la Truffe ····· map/31
メゾン・ド・ラ・トリュフ
19, place de la Madeleine 75008
Tel : 01 42 65 53 22
Open : 9:30-20:30（月〜土）
Métro : Madeleine

● Izraël　イズラエル ······ map/32
30, rue Francois-Miron 75004
Tel : 01 42 72 66 23
Open : 9:30-13:00
　　　 14:00-19:00（火〜土）
Métro : St-Paul

● Sur les Quais　シュール・レ・ケ ··· map/35
Marche Couvert Beauvau
Place d'Aligle 75012

Tel : 01 43 43 21 09
Open : 9:30-13:00
　　　 16:30-19:30（火〜土）
　　　 9:30-13:00（日）
Métro : Ledru Rollin

● La Graineterie du Marché ··· map/37
ラ・グラントリー・デュ・マルシェ
8, Place d'Aligre 75012
Tel : 01 43 43 22 64
Open: 9:00-13:00　16:30-19:30（火〜日）
Métro : Ledru Rollin

─────────────────

■はちみつ

● Les Ruchers du Roy ········ map/11
レ・ルシェ・デュ・ロワ
17, rue Vignon 75008
Tel : 01 49 24 08 27
Open : 10:00-19:00（月〜土）
Métro : Madeleine

─────────────────

■チョコレート

● Via Chocolat
ヴィア・ショコラ ········· map/17
5, rue Jean-Baptiste Pigalle 75009
Tel : 01 45 26 12 73
Open : 13:00-19:30（火〜金）
　　　 10:30-20:00（土）
Métro : Trinité

● La Maison du chocolat (本店)
ラ・メゾン・デュ・ショコラ ··· map/25
225, rue du Faubourg Saint-Honoré 75008
Tel : 01 42 27 39 44
Open : 10:30-19:00（月〜土）
　　　 10:00-13:00（日）
Métro : Ternes

● Patrick Roger
パトリック・ロジェ ········ map/26
108, bd Sanit-Germain 75006
Tel : 01 43 29 38 42
Open: 10:30-19:30（火休み）
Métro : Odéon

● Roy ロワ ··················· map/28
27, rue de Longchamp 75116
Tel : 01 47 27 34 36
Open: 9:30-20:00（月〜土）
Métro : Trocadéro/Iéna

─────────────────

■チーズ

● Libert リベール ············ map/36
15, rue d'Aligre 75012
Tel : 01 43 41 12 16
Open : 9:00-13:30

　　　 16:00-19:30（火〜土）
　　　 9:00-13:30（日）
Métro : Ledru Rollin

■マルシェ

● Marché Biologique des
　Batignolles　　　　map/16
バティニョール無農薬市場
Boulevard des Batignolles 750017
Open : 土午前
Métro : Rome

● Marche d'Aligre ·········· map/34
アリーグル市場
Place d'Aligre 750012
Open : 土、日
Métro : Ledru Rollin

─────────────────

■ハーブ

● Herboristerie du Palais Royal ··· map/39
エルボリストリ・デュ・パレ・ロワイヤル
11 rue des Petits Champs 75001
Tel : 01 42 97 54 68
Open : 10:00-19:00（月〜土）
Métro :
Palais-Royal　Musée du Louvre

● Herboristerie d'Hippocrate ····· map/40
エルボリストリ・ディポクラト
42, rue St-André des Arts 75006
Tel : 01 40 51 87 03
Open : 11:00-13:30
　　　 14:00-19:30（月〜土）
Métro : St Michel ／ Odéon

─────────────────

■スーパーマーケット

● La Grande Epicerie de Paris ··· map/41
ラ・グランデピスリー・ド・パリ
38, rue de Sèvres　75007
Open : 8:30-21:00（月〜土）
Métro : Sèvres-Babylone

● Lafayette Gourmet ········ map/42
ラファイエット・グルメ
40 bd Haussmann 75009
Open : 9:30-19:30（月〜土）
　　　 ただし木曜のみ〜 21:00
Métro : Havre Caumartin

● Monoprix　モノプリ ········ map/43
25, Avenue des Ternes 75017
Open : 9:00-22:00（月〜土）
Métro : Ternes
ほかパリ市内に多数

本書掲載の営業時間、商品の値段な
どは変わることもありますのでご確認
ください。

パリのおいしいおみやげ
2007年8月12日　初版発行

著者　　　　　吉野 美智子

装丁・デザイン　平木千草

スタッフ
取材　吉田千弘／伊藤文／タナカマサエ／藤森陽子
撮影　河崎夕子（YOU）／赤平純一／上仲正寿

発行者　五百井 健至
発行所　株式会社阪急コミュニケーションズ
　　　　〒153-8541　東京都目黒区目黒1丁目24番12号
　　　　電話　販売（03）5436-5721
　　　　　　　編集（03）5436-5735
　　　　振替 00110-4-131334

印刷・製本　図書印刷株式会社

© Michiko Yoshino, 2007
ISBN978-4-484-07217-3
Printed in Japan

落丁・乱丁はお取替えいたします。
本書掲載の写真・記事の無断複製、転写を禁じます。